文
景

Horizon

社 科 新 知　文 艺 新 潮

居酒屋的诞生

居酒屋の誕生
江戸の呑みだおれ文化

[日] 饭野亮一 著
王晓婷 译　陶芸 审校

上海人民出版社

前　言

德川幕府设立后，江户成为新的都城。参觐交代制度带来了进京武士等各种人士，他们大半为男性，江户由此进入了男性都市的新时期。

江户町里很快就出现了卖酒的酒馆和很多卖煮制食物的茶馆。在酒馆和茶馆，客人可以买到酒喝，但售酒不是这些店铺的主业。因此一些以卖酒为主业的店铺便应运而生了，这就是居酒屋。

居酒屋在江户街头出现后，在这个非常特别的都城之中蓬勃发展，两百年前成长为最繁荣的行业，在江户的市民社会中扮演了非常重要的角色。

迄今有过很多记录江户料理和饮食文化的著作，让人觉得不可思议的是，居酒屋如此重要，以居酒屋为主题的书籍却难得一见。即便有些书提到了居酒屋，也多为简略的概述，不过是些碎片式的记录而已。而且一些介绍居酒屋情况的书籍里信息经常是错的。

因此笔者想到要以居酒屋为题目来写一本书，并着手收集史料。尝试之后才发现，记录江户时代庶民生活的史料并不多，所以进展并没有预想那么顺利，不知不觉中花去了数年的时间。虽然这个过程很是艰苦，但在其中有了一些新发现，也发现了一些以往资料中的错误，这都让笔者感受到很多乐趣。

那么各位读者，你们对江户时代的居酒屋是否抱有如下印象？

· 当时的暖帘都是“绳暖帘”；

· 营业时间很早，是从清晨开始的；

· 餐桌摆在土坯地面上，客人坐在空的酒桶和酱油桶上喝酒；

· 鸡和猪等动物的肉是禁忌；

· 当时还没有吃刺身的习惯；

· 客人用德利酒壶和猪口酒盅喝温酒；

· 有女店员在店里服务；

· 当时就已经有提供收费前菜的习惯了。

这些印象是否正确，您可以通过接下来的耐心阅读得到解答。

本书在史料的基础上梳理了江户居酒屋的发展过程，同时尽量使用一些插图和川柳短诗来丰富读者视觉和听觉上的感受。非常希望读者能够有一种穿越时空到江户时代感受江户居酒屋文化的体验。

此外，关于引用的文章和句子笔者适度地添加了标点，给汉字标注了假名读音或者假名示意，还将一部分假名改写为了汉字。关于本书的假名运用，虽然与历史上假名的用法有一些不同，但都遵照了参考文献的标记方法。此外，引用中也有一些省略、意译、转化为现代日语的情况。

俳谐、杂俳、川柳的下面都标注了出处，但是频繁引用的《川柳评万句合胜句刷》的句子出处均略表为“万句合”，《诽风柳多留》的句子出处都简略标记为“柳”。

序　江户时代居酒屋的繁荣

1. 歌川广重笔下的居酒屋

绘本《宝船桂帆柱》（1827）中收录的“居酒屋”一图描绘了江户时代居酒屋的繁荣景象。图上还附有一首狂歌[1]（图1）：

飽きないの酒は愁の玉はばき、はきようするほどたまる金銀

酒乃扫愁帚，金银积如山

（酒是扫除心上忧愁的玉帚，做酒生意的人金银堆积如山）

这幅画是歌川（安藤）广重所绘，狂歌的作者是十返舍一九。我们仔细观察可以看到，画上的主人右手提着铫釐（ちろ

[1] 狂歌，和歌的一种，内容戏谑、讽刺。

图1　居酒屋店内情形。图中画了很多铫鳌，展示了居酒屋的繁盛风貌。(《宝船桂帆柱》)

り）、左手端着下酒菜，走向客人的坐席。铫鳌是一种用来温酒的带盖筒形容器，上部有壶嘴。当时的铫鳌多为铜制，后来锡制的也出现了。

墙上挂了一排铫鳌，完全展现了居酒屋的特征。当时的居酒屋就是这样直接用铫鳌给客人上温酒的。旁边的架子上还摆满了各种料理。

北宋诗人苏东坡（1037—1101）曾作诗赞美友人赠送的黄柑美酒“洞庭春色”，诗云“应呼钓诗钩，亦号扫愁帚”(《洞庭春色》)，之后“酒乃扫愁帚”（酒可以将心上的忧愁扫除）就成了一句谚语。

十返舍一九的这首狂歌就是仿照这句谚语所作，意为“居酒屋卖的酒，是用来扫除心上忧愁的扫帚，为解忧而来的客人越多，居酒屋的生意就会越好”。说到苏东坡，东坡肉据说也是因为其喜爱而得名的。

这首狂歌的作者十返舍一九当年已经写出了成名作《东海道中膝栗毛》[弥次和北（喜多）从江户到京都的游记]，是当时的畅销作家。一九是1831年67岁时去世的，这首狂歌是喜好饮酒的他晚年所作。

而广重绘制这幅画的时候才31岁，在那个时代还没有成名。之后1832年到1834年的两年时间里，他陆续发表了“东海道五十三次之内”系列浮世绘，成为知名的风景画家。人们普遍认为广重是以《东海道中膝栗毛》为契机开始绘制“五十三次”的。其实早在“五十三次”诞生之前，广重就曾经与一九共同创作，绘制过图1所示的这样颇具意义的作品。

这张图让我们直到今天都能看到，那个时代的客人为了消解心头忧愁而汇聚到居酒屋，居酒屋因而得以繁荣的情形。

2. 1808家居酒屋

事实上在《宝船桂帆柱》出版的时代，江户街市上的居酒屋已经生意兴隆了。距今两百多年前的1811年，应当时町奉行所的要求，町年寄[1]曾开展过调查，结果显示江户当时共有1808家“煮卖居酒屋”（居酒屋）。这是他们按不同类别对江户“餐饮经营店铺”展开调查后报告的数字（《类集撰要》四四）。在各种类别中，居酒屋的数量最多。据推算，当时江户的人口数量大约为100万，这意味着每553人就拥有一间居酒屋。

今天的东京，居酒屋也非常多。根据总务省统计局的《事业所、企业统计调查报告》(《外食产业统计资料集》，2009）的统计，2006年东京“酒场、啤酒馆”的数量是23206家。这些“酒场、啤酒馆”囊括了“大众酒场、烧烤店、关东煮店、烤内脏店、酒吧”，因此可以认为统计对象与江户时代的居酒屋基本相同。虽然现在东京“酒场、啤酒馆”的绝对数量是江户时代居酒屋数量的13倍，但是从人口比例来看，2006年东京人口数量为1266万，也就是说平均每546人有一家“酒场、啤酒馆”。两百多年前平均每553人一家，现在是每546人一家，数字惊人地相近。因此从人口比例上来看，我们可以认为两百多年前江户街市上的居酒屋与今天东京“酒场、啤酒馆”的繁荣程度是差不多的。

当时出版的《江户华名物商人评判》（1815）一书对餐饮店做了梳理，给餐馆、点心店、年糕店、荞麦面店、寿司店等25种共159家餐饮店进行了排名，被提名的居酒屋有6家（图2），可见两百多年前便已有居酒屋的名店。

---

[1] 町年寄，统管江户包括町名主在内的公务人员。

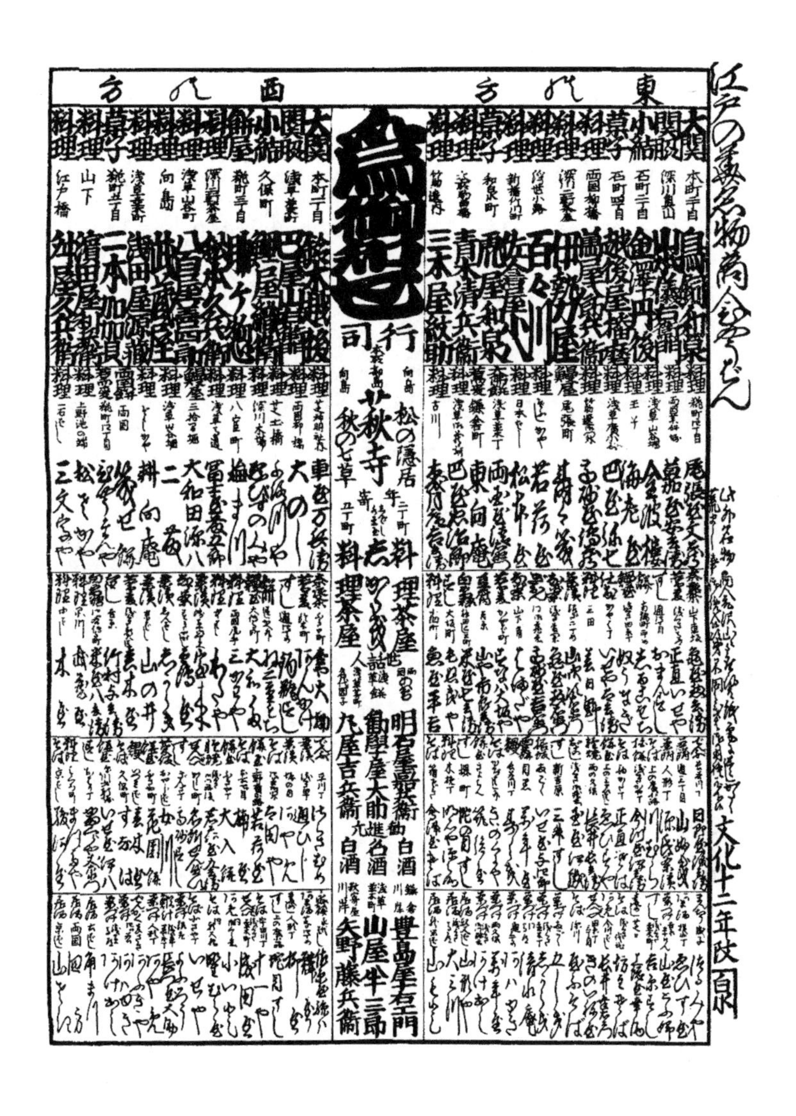

图2　江户餐饮店铺排名。排在前面的是餐馆和点心店。最下排的两侧各有三家居酒店铺。(《江户华名物商人评判》)

文化年间（1804—1818）居酒屋蓬勃发展，但其出现在江户街头的历史并不长，只是18世纪中叶的事情。短短的五十年间，居酒屋就成长为餐饮业中最繁荣的业务种类。

为什么会出现这样的结果，为什么在江户时代居酒屋会繁荣起来，接下来我们会进一步探讨。不过在此之前，笔者先追溯一下居酒屋出现的背景。

一

从酒屋开始的居酒

1. 早期就存在的酒屋

1603年，德川家康成为征夷大将军并且设立了江户幕府。江户作为幕府的都城迅速发展成为大都市，聚集了全国各地的人，其中以男性为主，而这些男性对酒类的需求是非常旺盛的。图3这幅《江户图屏风》描绘了江户初期宽永年间（1624—1644）江户的繁荣盛况，从图中我们可以看到神田主干道上有三家酒屋的门口挂着酒林（关于酒林下文会详细介绍）。由此可知江户的街市上很早就有酒屋了。

正如图中所示，酒屋当时的标志并不是招牌，而是酒林。有句云：

> 目ぞがよふ雪の朝の酒はやし
>
> 酒林之上落朝雪，璀璨且炫目

图3　江户初期的酒屋。有三家酒屋的门前挂着酒林（画圈的部分）。（《江户图屏风》）

（雪后的朝阳炫目地照耀在酒林之上）

江户新道　1678

吟诵的就是酒林上的积雪在朝晖之中发光的样子。

酒屋在店外挂酒林的习惯起源于奈良县樱井市的三轮神社（大神神社）。三轮神社的祭神大物主神被尊为造酒之神，神社后面三轮山上的杉树则被信奉为三轮神社的神木。杉树因此与造酒相关联，酒屋就将杉树的叶子做成酒林挂在店头，用作商标。

喜田川守贞在记录江户时代风俗的《守贞谩稿》（1853，记录的时间一直到1867年）中，展示了图中的两种酒林，并且详细说明了“因为三轮山将杉树奉为神木，因此酒铺将杉树叶子作为招牌，称为‘酒林’，替代酒旗使用。酒林是用杉树叶子制成的，大小不同，大的约为一尺多（约30厘米）到二尺，挂在酒铺的店头”（图4）。

根据《江户屏风图》和《和汉三才图会》（1712，图5）等资料记载，酒林原本的形状多为鼓形，后来逐渐演变为现在的球形。

在江户时代，随着时间的推移，不只是酒屋，很多提供酒水的居酒屋也开始悬挂酒林，这个风俗一直延续到现在（图6）。

图4　两种酒林。下面的是旧版形状。（《守贞谩稿》）

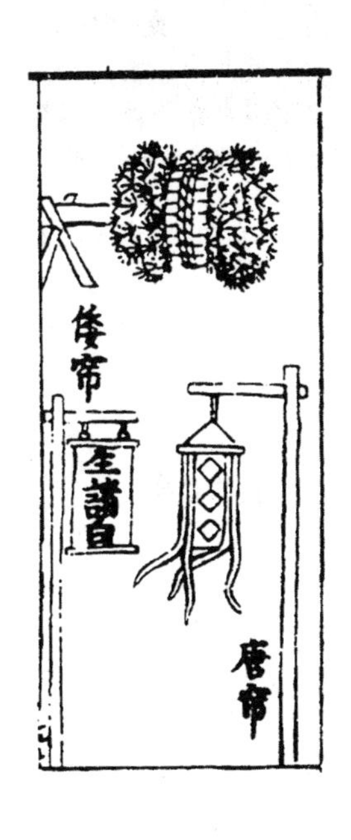

图5　鼓形酒林。（《和汉三才图会》）

图6　居酒屋门口悬挂的酒林。酒林的形状如《江户图屏风》和《和汉三才图会》所示，最初主要是鼓形，后来逐步演变成现在常见的球形

2. 居酒的开始

“居酒”的意思是在酒屋里喝酒，江户时代的考据随笔文学家喜多村筠庭（信节）在他的《嬉游笑览》（1830）中曾提到，“据考，居酒一事古已有之，赴酒屋饮酒之意也”。《人伦训蒙图汇》（1690）中也有描绘“酒屋”量酒零售的图（图7）。这种酒的零售铺子让客人在店门口饮酒，就是“居酒”的最初形态。当时

江户有很多独居、打短工的男性劳动力，因此在酒屋居酒的行为早就存在。但是“居酒”这个词语是到元禄时代（1688—1704）才出现的。

我们来看看元禄时代居酒的情形：

> 飲みに行く、居酒の荒の、ひと騒ぎ
>
> 出门居酒至酩酊，大醉后喧哗
>
> （出门喝酒，遇到居酒醉酒后大打出手的人）
>
> 俳句集《瓢》 1690

图7　元禄时代的“酒屋”。悬挂着酒林的店铺正在量酒售卖。(《人伦训蒙图汇》)

这是芭蕉的学生河合乙州创作的俳句，讲的是他去酒屋喝酒，经常与同行的友人吵架的事情。常在酒屋饮酒的客人多为中间[1]、小者[2]、马夫、轿夫等底层大众，彼此之间起争执是常有的事，打架也是稀松平常。

居酒をば仕らずとむごくかき

无端居酒者严拒

（拒绝在店内居酒）

柳六　1771

也有酒屋会在入口处标示“谢绝居酒”的字样。

可依然会有：

賑かに名月の夜の請酒屋

中秋月圆喧嚣夜，热闹在酒屋

（中秋夜很热闹，去酒屋喝酒）

宝船　1703

特别是在中秋之夜，客人会在零售酒的酒屋前聚集。俳谐师宝井

[1] 中间，也写作仲间，江户幕府的官职名，负责江户城内警备及其他杂事。

[2] 小者，武士的仆役。

其角也曾在其列，并且吟诵过：

名月や居酒のまんと頬かぶり

中秋明月夜，隐身独畅饮

（中秋夜遮盖着脸出门去饮酒）

何日为昔　1690

其角在他36岁的那一年曾作“月开始倾杯十五岁，今夜之月”（浮世之北，1696）吟咏自己好酒，感叹从15岁开始饮酒至今，现在依然这样喝着酒欣赏中秋明月。中秋的夜晚是明亮的，其角不想被人看到自己跑去居酒，但是又抗拒不了在月圆之夜居酒的诱惑，所以掩面出行。

也就是说到这个时候，居酒已经不只是呼朋引伴、推杯换盏，开始出现去酒屋独酌的情况。

元禄时代，在酒屋里居酒已经很盛行，而且酒屋在夜间也是营业的。酒屋是用铫鳌温酒后卖给客人的，所以这个时期在酒屋里已经可以喝到温酒了。

有句云：

湯に幾度酒屋がちろり沖の石

反复浸润的酒壶，恍若海滩礁

（酒屋里的酒壶如同海边的礁石一样，干了又润湿）

赏樱　1730

“冲之石”（海滩上的礁石）表现的是用水或者其他液体润湿的状态，这种表达方式来自和歌《百人一首》中二条院讃岐的和歌“抛情洒泪皆因汝，爱似礁石隐不出”（崔艳伟译）里“海边礁石，难得干涸”一句的意象。意思是酒屋里的酒壶每天不知要煮沸多少次，还没晾干就又被送到客人的席间。

3. 以独特的商业手法获得了成功的丰岛屋

不久，以低廉的价格供客人居酒，并因此名声大振的酒屋出现了，那就是神田镰仓河边的丰岛屋。1746年发行的《俳谐时津风》中收录了当时流行的各种商店，在丰岛屋的那一页有俳句“月明夜如你所知，杉叶悬门楣（月夜よし　御ぞんじ様の　杉の門）”（图8）。这里的“杉の門”指的就是酒林，从这个句子可以推断当时酒屋应该是允许居酒的。

加藤玄悦（曳尾庵）在《我衣》（1825）中写道：

> 元文元年（1736）镰仓河边的丰岛屋店铺扩建，开始以比其他家都便宜的价格卖酒。每天拿出十樽、二十樽[1]的存货以进货

[1] 樽，木制酒桶。

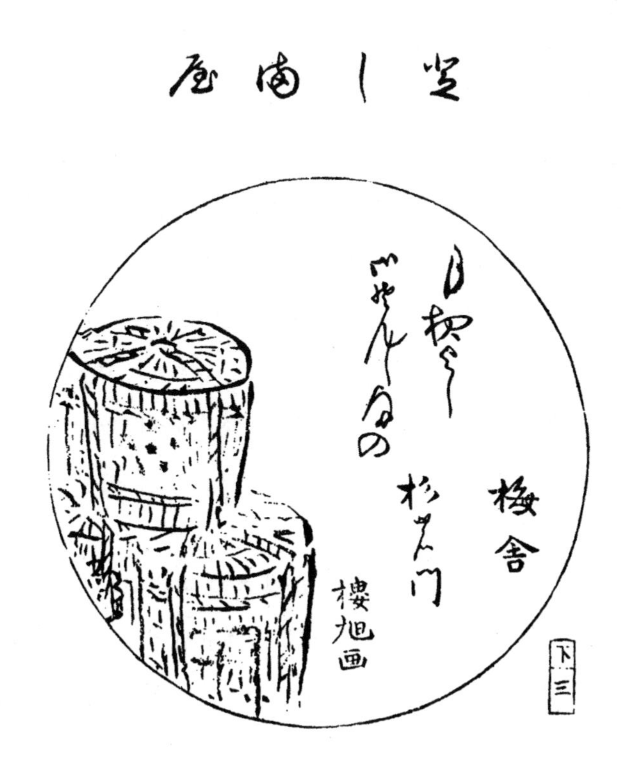

图8　丰岛屋。草绳酒樽堆叠。(《俳谐时津风》)

价零售，然后通过卖空酒樽赚钱。当时的酒樽可以卖到一文目[1]到一文目二三分。受到这种销售方法的带动，该店铺又在店里开辟出一个角落专门做豆腐，在酒馆烤制成豆腐串进行售卖。一块豆腐被切成十四块后做成烤豆腐串，分量很足。豆腐不对外销售，只在自家店铺使用。当时一块豆腐价格在二十八文左右，售卖的时候也是成本价销售，豆腐串的蘸料和人工费用都没有加在里面（也就是一串卖两文）。做了这么多，丰岛屋的目的还是在于将樽内的酒卖光，所以又大又便宜的豆腐串其实是店铺用来招揽顾客的卖点。因为酒给得多售价又便宜，所以货郎（行商）、中间、小者、马夫、轿夫、船夫、短工、乞丐等蜂拥而至，在店铺门前将货担撂下买酒喝。所以有买菜或者买东西的人，也会聚集到丰岛屋的门口来，一时店外门庭若市，往来的人皆驻足观望，热闹非凡。

店门口展示着大串烤豆腐，这些烤豆腐串以一串两文的便宜成本价专卖给来店的客人。酒也以成本价出售，客人把豆腐串当成下酒菜在店内饮酒。丰岛屋盈利并名声大噪并不靠卖酒和烤豆腐串，而是通过大量零售卖酒，再将空酒樽卖掉这一特殊的商业手法。当时空酒樽的价格一般在一文目到一文目二三分，在当时的官方行市里一文目银等于六七文钱，这样计算下来，十个酒

[1] 文目，江户时代银币重量单位。

樽能卖六百七十文到八百七十文。这样一来即便一日的销售量在二十樽左右，也有非常可观的盈利金额了。

当时他们是否真的获得了这么丰厚的利润尚难考据，总之丰岛屋作为一个可以廉价喝酒的酒屋汇聚了大量打零工的体力劳动者和武士家里的奉公人，因此繁荣了起来。

> としまやでまた八文が布子を着
> 丰岛屋八文热酒，如着布棉袄
> （在丰岛屋喝八文热酒让人觉得像是穿了棉袄）
>
> 《柳多留拾遗初》 1801

喝上八文钱的温酒，比穿着防寒服更能抵御寒冷。当时在丰岛屋花八文钱可以买一合酒[1]。

之后丰岛屋又因为销售女儿节专用的白酒而受到了更大的欢迎。他们在女儿节当天销售白酒时门庭若市的混乱状况非常受瞩目，以至于很多书中都描绘了当时的场景。描写江湖风俗的随笔集《拾遗》（天保末年）中曾写道：

> 每年只在二月十五日当天会有白酒出售。店家在店外扎起篱笆，将入口处的木门打开，客人可以在门口买购物券，然后到

[1] 合，日本容积单位，约为1升的1/10。

取酒处装上白酒，穿堂从后面通过。宽阔的通路也都摩肩接踵。单日的营业额甚至能有几千两之多。

《江户名所图会》“镰仓町丰岛屋酒馆售卖白酒图”（1834—1836，图9）中详细地描绘了卖白酒的那一天，客人们手里拿着酒桶接踵而至排队买酒的样子。

图9　白酒销售日的繁荣盛况。(《江户名所图会》“镰仓町丰岛屋酒馆售卖白酒图”)

之后，丰岛屋从镰仓河岸搬到了猿乐町（两处都位于今东京都千代田区），一直经营到了今天，女儿节用的白酒依然只在限定期间销售（图10）。

图10　直到今天还在销售白酒的丰岛屋本店

在低价卖酒并且允许居酒的店铺出现的同时，也出现了汇集各类昂贵名酒的酒屋。西村重长所绘的《绘本江户土产》中就描绘了“两国桥纳桥西侧的广小路上，店铺里面陈列着草绳酒樽”的情形（图11）。从图中我们可以看到门口挂着“烤鱼”的幡子，可知这个酒屋是可以居酒的。店门口的行灯看板上可以看到“生诸·伊丹”的字样。“生诸”其实是“生诸白”，最下面的“白”字被挡住了。生诸白是纯度非常高的诸白酒的意思，这家酒馆的

图11　挂着“烤鱼”幡子的酒屋。(《绘本江户土产》“两国桥之纳凉”，1753）

招牌商品就是“伊丹生诸白”。后面我们还会提到，伊丹的诸白在当时是最高端的名酒。

4. 酒屋数量暴涨到2000家

到了1750年十一月，以下的提案被递交到了奉行所：

> 近年来随着经销酒铺、零售酒屋的与日俱增，经营多年的老店附近有很多新开的酒屋为了提高收入以低于进货价的价格销售，赔钱卖酒，这样使很多老店的生意难以为继。新开的店铺也不可能长时间持续让利销售，所以会在商品的品质上做手脚降低成本，这样一来新店的生意也会陷入困境。所以不管是老店铺还是新店铺都面临倒闭。特此申请，能否通过给批发商和零售酒屋颁发许可证（酒屋经营许可）的方式来限制新酒屋进入市场，建立起酒屋股份的买卖制度。

下文还会提到，江户时代是不能够擅自造酒的，而要在造酒许可制度的批准下进行。上面这个提案其实是申请将这种制度延伸到酒的批发、零售业务上。

奉行所针对这个提案征求了年番名主[1]的意见。年番名主认

[1] 年番名主，依地域划分编排的町组代表名主，每年轮替。

为这会对售酒商的自由商业活动造成干扰因而反对，这个提案也就被驳回了（《正宝事录》二九三九）。

当年年番名主向给奉行所提交申请的人员提出了几个问题，其中问到“现今酒的经销商、零售店”的数量，申请人的回答是“共2000多家”。由此得知当时酒屋的大概数量。

这个申请其实是带着个人的营利目的被提出的，申请人提出在市里开设酒商协会，向参加协会的商铺征收每家每日两文的会费，其中一部分作为协会的日常运营费用。由此可以推断其中对酒屋缺乏管理的现状进行了夸大的描述，但是我们也能从中知晓当时的酒业销售是没有经营许可制度的，酒屋数量的增加导致了不当竞争的产生。

在这样的情形下，就出现了一些酒屋，他们不再把居酒当作副业，而是将之当作主业来求生存。酒屋开始了改头换面。居酒屋这个名称也是在这个阶段出现的。

宽延年间（1748—1751）是第九代将军德川家重在位的时期，至此幕府已经在江户设立了约一百五十年。江户已经发展成一个百万人口的大都市，街上常见的餐饮店铺有煮卖茶馆（下文详细介绍）和料理茶屋、荞麦面馆、菜饭店、蒲烧鳗鱼店等。虽然这些餐饮店也会卖酒，但是主业依然是提供餐品。与此相对，主业是为客人提供店内喝酒服务的店铺应运而生，这就是居酒屋。

1749年，在江户发行的《风俗游仙窟》里描绘了武家公务人员居酒时的样子（图12）。店外放着用来洗日式酒壶的桶，店

图12　酒屋里的居酒。武家公职人员正在居酒的样子。(《风俗游仙窟》)

内酒樽层叠，一排排酒壶（德利）[1]摆放整齐。这家店是酒屋，但是店里也卖烤豆腐串，客人坐在马扎上，女店员提着铫釐给客人上酒。从这幅图我们可以看出酒屋已经逐渐显现居酒屋的风貌。

[1] 德利，日式细颈广口的酒壶，有陶制、金属制和玻璃制。

二

居酒屋的诞生

1. 居酒屋的出现

宽延年间（1748—1751），居酒屋这个名称出现了。宽延之后是宝历（1751—1764），根据1752年的记载：

> 深川的三十三间堂（富冈县八幡宫的东侧）在1730年八月被暴风雨吹倒，一直没有重建。1749年秋季，有两个人向奉行所提交申请，要求借用三十三间堂周围的土地，在上面建造煮卖茶馆和居酒屋，用经营所得收益在三年之内重建三十三间堂。他们的申请得到了批准，今年夏天（宝历二年，1752），三十三间堂已经建起。
>
> 《正宝事录》 二九七四

这里提到的居酒屋并不是从酒屋转型而来的，而是全新开业的居酒屋，经营十分顺利，最终达成了重建三十三间堂的目标。

这是早期居酒屋的名称被正式使用的例子。除了酒屋的业务转型和重组，也有很多新开业的酒屋，这两种一起组成了居酒屋这个新的业务类型。

宝历年间居酒屋这个称呼已经开始被频繁使用。

江户市民逐渐注意到这种新生的居酒屋，居酒屋也作为一个题材被用到当时江户流行的川柳之中。

居酒やは立つて居るのが馳走なり

居酒屋之绝妙处，在站立把盏

（居酒屋的好处就在于可以站着喝酒）

万句合　1758

居酒やへ気味合をいふ客がとれ

居酒屋里走一遭，可遇志趣相投客

（在居酒屋常常能遇到气味相投的客人）

万句合　1760

居酒やでねんごろぶりは立てのみ

居酒屋里把酒饮，熟客尽是站着品

万句合　1762

第一首描述的是今天我们还会经常看到的站着喝酒的景象。第二首描述的是在居酒屋里结交了朋友。第三首描述的是那些与居酒屋主人关系亲密的熟客，即便店里有空位，也会站在老板旁边喝酒。可以看出，居酒屋开始有常客了。

在宝历、安永（1751—1781）之后，以江户地区为中心逐渐开始流行的通俗小说谈义本中，也经常出现居酒屋这个名词。

“居酒屋也会有喝了酒不结账就跑掉的客人。全日本你也找不到只赚钱，一点亏都不吃的商铺”（《当风十谈义》，1753），“（不规矩的人）在居酒屋也会敲诈勒索”（《钱汤新话》，1754）。这些文章里提到的居酒屋是有人吃白食、有流氓当场勒索钱财的场所。居酒屋从诞生之初似乎就给人一种不好的印象。关于这一点下文中我们还会详细讲述，其实这种状况也是居酒屋当时所面临的现实。

川柳和谈义本中可见，宝历年间的居酒屋对江户人来说已经是一种很日常的存在了。另外《当风十谈义》之中有一篇《居酒屋》。居酒屋最初读作“いざけや（izakeya）”，不久后就变成了“いざかや（izakaya）”。

居酒屋诞生时期的大将军德川家重于1761年六月去世。家重周年祭日法事在第二年的六月举行，江户町在法事开始之前的六月六日颁布公告，要求“家重周年法事期间，为了预防火灾，浴场、乌冬面馆、居酒屋等下午六时以后禁止营业”（《江户町政令集》七五四一）。

这也侧面印证了当时的居酒屋在夜间也是营业的，甚至发展到被幕府认定为有消防隐患的规模。

居酒屋的数量后来持续增长，1782年发行的《七福神大通传》中曾记载“现在市面上最多的就是煮卖茶馆和居酒屋，从中可以看出好酒之人之多了”。意思是江户爱喝酒的人太多了，所以居酒屋才会有这么多。

2. 与酒屋“割袍断义”的居酒屋

居酒屋作为一个与酒屋不同的业务种类诞生了，店铺的数量也增加了，但是在很长一个时期，居酒屋还是会被当作酒屋看待。

在居酒屋出现三十多年之后的1783年四月，江户町奉行所的与力[1]要求江户町的名主调查“町内酒屋”的数量并且上报。当时的指示要求将酒屋进行分类调查统计，“按樽卖酒为主，以升卖酒为辅的酒屋”为“上”，“以升卖酒为主，以樽卖酒为辅的酒屋”为“中”，“零售小酒屋、居酒屋”为“一般”。（《江户町政令集》八八九二）

将酒屋按照卖酒的方式分类为“上”“中”“一般”三类，居酒屋与零售酒屋被视为同一类业务店铺。零售小酒屋当时因为以

[1] 与力，官职，负责市内行政、警察和审判工作。

升为单位售酒又被称为升酒屋。

升酒屋店内，一般摆满了草绳酒樽，店家用漏斗从酒桶吞口处将酒取至酒碗，装入升内，量后售卖。(《黄金水大尽杯》初篇，1854，图13）

图13　升酒屋店内。图中表现了量酒用的漏斗和升。(《黄金水大尽杯》初篇）

《一刻价万两回春》（1798）中描绘的零售酒屋也是，左侧架子上面摆着酒樽和草绳酒樽，架子的下面还放了穷相酒壶[1]。在酒屋，以比升[2]还小的单位卖酒时会使用这种酒壶。（图14）

当时居酒屋与这种升酒屋被归类到同一类型中，但是事实上居酒屋很快就从卖酒的铺子中分离出来，被纳入餐饮业的范畴。

天明三年的“町内酒馆”大调查是一个开始，十六年后的1799年应江户町名主的要求町内又开展了“食品商人”调查，这一项调查将调查对象分成了下文中的这些类别。(《类集撰要》四四）

> 料理太茶屋、料理小茶屋、煮卖餐馆、居酒屋、奈良茶屋（卖奈良茶饭的店铺）、茶泡饭店、烤豆腐店、煮豆店、寿司店、烤鱼串店以及汁粉丸子类、点心店和年糕点心店等，江米糖类和糖店、鸡蛋卷店、水果店、荞麦面店、手打荞麦面馆、乌冬面馆等。

通过这些类别我们可以看出当时的餐饮业所包括的店铺类型，这之中也出现了居酒屋的名字。18世纪末，居酒屋已经与卖酒的铺子区分开来，跻身料理茶馆、煮卖餐馆、奈良茶馆这类餐饮店铺的行列。

---

[1] 穷相酒壶，日文作“貧乏德利”，一升以下的粗制陶酒壶。

[2] 升，此处指日本传统计量单位，一升约为180毫升。

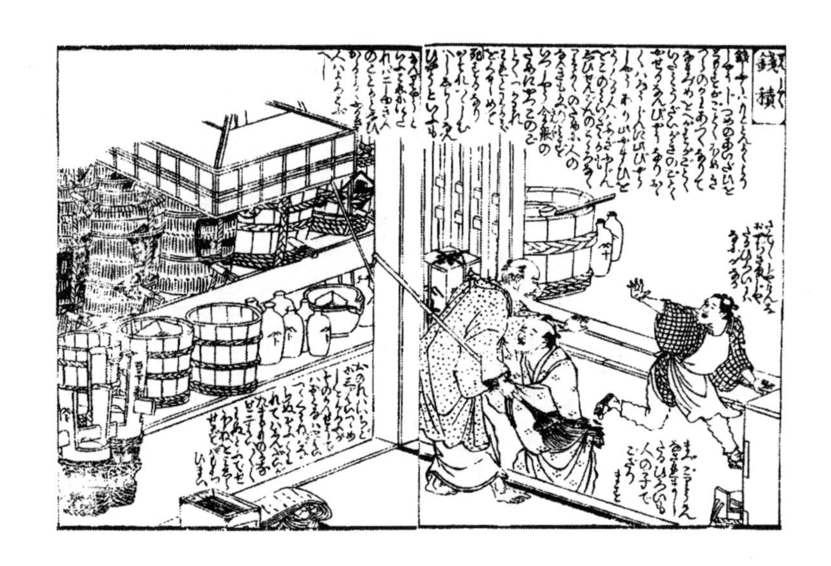

图14　酒屋内部。酒桶的下面摆着穷相酒壶，天花板上垂吊着行灯。(《一刻价万两回春》)

不过，这个阶段居酒屋和煮卖茶馆还被看作两种业务类型。二者在营业形式上还有区别，但逐渐被看成同一个行业，最终形成了“煮卖居酒屋”这一大类。

三

煮卖茶馆与居酒屋

1. 明历大火与煮卖茶馆

煮卖茶馆是卖煮制食品为主的简餐和茶汤、酒类等的店铺，也被称为煮卖屋。其实很早就有一种开在主干道旁边提供茶水和休息场所的茶馆。由天主教会传教士编纂的《邦译日葡辞书》（1603）一书中收录为词条“chaya”。意思解释为“在道路旁，将茶水倒入茶碗中售卖的铺子”。

连歌大师宗长曾写下他于1524年六月十六日在静冈县宇津谷山路的茶馆歇脚时的情形：

> 府中（骏府）。越境之后黄昏雨落，宇津山中躲雨投宿。茶馆相传有一传统名小吃十丸子。一勺整十个，由少女持勺捞起，因此扬名。入夜后抵府。(《宗长手记》)

这里讲的是这间茶馆因少女用勺子舀起十个小丸子售卖而得名，被称为十丸子（名物十丸子）。

江户时代出现了各种从这种店铺发展而来的茶馆（剧院茶馆、引手茶馆[1]、料理茶馆等）。煮卖茶馆也是其中之一，煮卖茶馆这个名称是在明历大火之后出现的。

幕府在江户开设半个世纪后，明历三年（1657）发生了一场大火灾。这场被称为明历大火的火灾是江户时代最大的火灾，也被称为“振袖火事”。正月十八日刚过正午，从本乡丸山的本妙寺开始起火，持续了三天的大火前所未有地焚毁了江户大半个城区。四年后的1661年，浅井了意创作的浮世绘《武藏镫》真实地描绘了大火造成的惨状，当时死于火灾的人口有102100多人（图15、图16）。

火灾之后考虑到消防的需要，幕府在日本桥与京桥之间的三处、锻冶桥与桶町之间的一处建了广小路。广小路本来是指宽阔的马路，事实上这几处的面积已经宽敞到可以作为广场使用。江户桥广小路是其中之一，火灾过后在江户桥附近共有107家商铺（零售摊位）逐渐汇聚（《江户桥广小路附近旧记（春）》）。

也是为了防火，广小路上一般不允许建设固定建筑物，只允许设置一些不住人、可移动的小型摊位和铺面。107家商铺之中，从文件的解释里可以得知“小规模零售商”最多，占了半数以上，其中“煮卖茶馆”有11家。

---

[1] 引手茶馆，向客人提供介绍妓馆与妓女服务的茶馆。

图15　明历大火。火灾之中带着家中财物逃命的人们。(《武藏鐙》上)

图16　火灾后施粥的情形。幕府建起临时的棚子，赈济灾民。(《武藏镫》下)

幕府非常迅速地开展了灾后的复兴事业。大火之后，正如“不久各种职业工匠从各藩国赶赴江户，使得江户迅速复兴和繁荣起来”(《洞房语园》，1720)所说的那样，很多打工的人和工匠都随着江户的振兴聚集而来。对这些人来说煮卖茶馆是非常方便的去处，可以认为煮卖茶馆当时扮演了类似今天快餐店一样的角色。

就在浅井了意出版《武藏镫》的第二年，也就是1662年，得以复刊的江户名所指南《江户名所记》中详细地描绘了与临时店铺完全不同的正式的煮卖茶馆的样态。在开始介绍江户知名场所之前，作为引路人的两个主人公在“茶馆”歇脚，一面饮酒喝茶，一面商量接下来要巡游的主要路线。茶馆的门口正在烤着丸

图17　煮卖茶馆。图中人物正在烤制丸子和豆腐串。(《江户名所记》)

子和豆腐串之类的食物（图17）。煮卖茶馆不只卖煮制的食物和烧烤，也提供酒饮。

2. 煮卖茶馆的夜间营业禁令

因为煮卖茶馆的数量迅速增加，不久以后，考虑到消防需要，幕府颁发了针对煮卖茶馆夜间营业的禁令。

明历大火之后，幕府开始了大规模的都市改造。通过市区街道的消防改建（道路拓宽、设置防火的消防带）、将寺庙迁移到郊区、武士家族庭院和城镇商家的搬迁等方式建立了一个防灾都市。然而火患并未因此杜绝，明历大火之后没多久又发生了三次火灾。次年（1658）一月十日本乡六丁目起火，大火迅速吞没了骏河台、镰仓河岸、日本桥、京桥、新桥等地，最终蔓延到灵严岛、八定堀、铁砲洲、马食町等地。之后，进入1660年火灾依然频发。状况达到了“在江户、从本年度（万治三年）正月初二到三月二十四日为止，火灾次数已经达到了105次。这样使江户万民昼夜不得安心”（《玉露聚》，1674）的程度。三个月之内发生了105次火灾，市民已经不得安眠。

到万治四年（1661，当年四月改元宽文），开年的一月二十日又发生大火，町内41条街道、787家房屋被焚毁。冬季是火灾高发的季节。因此，奉行所在下一个冬天即将到来的十月出台了禁令，禁止可能引发火灾的生意经营，颁布了如下的町内公告（《官方公告文书宽宝集》一四四四）：

> 一、町内的茶馆和做煮卖生意的店铺只能在白天营业，下午六点以后坚决禁止进行商业活动。
>
> 二、町内禁止夜间在火盆中燃火，以及点起灯笼进行叫卖的煮卖营业。

意思是茶馆和煮卖茶馆在下午六点之后的经营活动、夜间在火盆中放入炭火进行叫卖的煮卖经营活动都是被禁止的。这是因为夜间用火进行商业活动引发火灾的危险系数非常高。由此可知，作为取缔对象煮卖茶馆的数量在持续增加，甚至夜间也在营业。煮卖的流动经营形式是打着灯笼叫卖煮制食物，充当了移动便利店的角色。

煮卖茶馆和流动叫卖能在夜间经营，是因为有灯火可以照明。当时各地都在种植灯油的原料——菜籽。特别是大阪周边的农村，菜籽种植非常兴盛，将其加工成菜籽油（水油）之后集中到大阪，作为供奉大量地被送往江户。长久以来，庶民的生活都是日出而作日落而息，现在生活中出现了灯火，夜晚也可以活动了。

禁止煮卖茶馆夜间营业的禁令，也说明当时的人们已经会在夜里外出走动，夜间人们开始外出就餐享受休闲时光了。而夜间在酒馆的居酒生活也是始于元禄时代。

3. 改变了政治的煮卖茶馆

1662年九月，奉行衙门公布政令“在店内经营煮卖茶馆相关业务者，如之前之公告所示，夜间不可营业”。这是为了在冬日火灾季到来之前，敦促町内商人贯彻执行之前的禁令（《正宝事录》三六二）。

然而，尽管政府连续两年出台夜间营业的禁令，煮卖茶馆的夜间经营活动依然屡禁不止。之后的1670年、1671年和1673年相继出台了类似内容的禁令，这三次的禁令都提到：

> 前已公布下午六点以后禁止煮卖经营活动，然仍闻听有夜间营业之店铺，今后望严加遵守禁令要求。(《正宝事录》七七九)

从中可以看出，夜间营业的店铺不但没有被禁绝，反倒增加了。

井原西鹤在他的《好色一代女》(1686)中描绘了这样一个场景：傍晚时分，一男一女来到了数寄屋桥的河岸边一家“煮卖屋”(图18)。店入口处的大锅之中正在煮着食物，店里还卖乌冬面。江户的市民对夜里能够快速食用的熟食是有着巨大的需求的。能满足这种市场需求的就是煮卖茶馆，因此煮卖茶馆并没有向夜间营业禁令屈服。

没过多久奉行所也不得不认可这样的现实情况，终于在1699年公告：“为了预防火灾，禁止夜间在街头经营煮卖业务。大风时节店内的售卖活动也必须歇业。”(《正宝事录》三五七四)对煮卖活动的夜间经营，只禁止了其中可能会火星飞散的危险系数高的户外部分，对店铺内的经营则采取了许可的态度。

这个禁止煮卖茶馆夜间营业的禁令，是到五代将军纲吉的时代才被废除的。德川纲吉时代颁布的“生类怜悯令”禁止养殖活鳗鱼并烤食，导致鳗鱼铺子难以为继，国民“酗酒禁止令”则抑制国民饮酒，幕府像这样对普通民众的生活进行了方方面面的干

图18　“煮卖屋”。男女二人一起走进店内。图中没有体现，但是他们点了乌冬面。(《好色一代女》)

涉，然而依然没能剥夺煮卖茶馆这个江户庶民日常的饮食场所，可以说煮卖茶馆的力量改变了政治。

4. 男性都市与煮卖茶馆

煮卖茶馆得以繁荣，是与江户作为一个男性都市以及住宅情况密切相关的。

八代将军德川吉宗在1721年开展了全国人口调查，江户也从这一年开始调查町内的人口情况。调查的方式是，先由町名主对自己管辖区内常住居民人口数量进行调查，后报告给町年寄，町年寄对这些数字进行统计后上报给奉行所。町名主手中都会备有相当于现在的居民户籍册一样的“人别账”，在这个基础上掌握居民的数量。调查结果显示，1721年町内人口数量为501394人（男323285人，女178109人）。

调查结果特别引人注目的一个特点是町内常住人口中男女性别比的不均衡，男性人口达到了女性人口的一倍左右。人口普查从1721年开始，之后每年的四月和九月都会开展，这种性别不均衡的情况贯穿了整个18世纪（《幸田成友著作集2・江户町的人口》）。江户的市民中男性占了绝对多数。可想而知，独居的单身男性也非常多。

再者，观察市民的住宅情况，占町人口一半的常住居民拥挤地居住在只占町内土地六分之一的区域内。这么狭窄的空间里能住下这么多人只有一个原因，那就是他们多住在一种以九尺二间（六张榻榻米大）为代表的单间长条形房屋——长屋之内。式亭三马在他的《浮世理发馆》初篇（1813年）中描绘了长屋的入口（图19），在松亭金水的《春色淀之曙》（19世纪中叶）里，我们也可以看到薄薄的一层墙壁隔开的长屋邻里的日常生活（图20）。有诗云：

わんとはし持つて来やれと壁をぶち
叩墙而呼芳邻来，备好碗和筷
（敲墙叫邻居拿着筷子和碗一起来吃）

柳三　1768

主人应该是收获了什么邻里的馈赠吧，敲着墙叫邻居（应该是独居的人）：“拿着碗筷过来！”看来这家人连多余的碗筷都没有。

町名主在调查了町内居民人口结构后于1828年向幕府提交了《町方书上》，文件内容显示当时町内居民租房率达到了70%（《町方书上·江户市内居民结构》，1828年）。

对比今天东京都的情况，现在都内居民中租房者占比可达52.3%（《平成二十年住宅、土地统计调查》，总务省统计局）。江户时代的租房人口比例跟今天比看似差距不大，但是实际上居住环境的差距是巨大的。江户时代的长屋，厨房非常狭窄且不便。

图19　长屋的入口。左下角是卖酒的，前面中间画的是卖蛤蜊肉的人。胡同里也有货郎在叫卖。(《浮世理发馆》初篇)

图20　长屋。入门以后地面上就是厨房。(《春色淀之曙》)

那个时代没有冰箱，更没有速食食品。虽然每家都有灶，但生火在当时却是一件难事，跟我们今天打开燃气开关就能点火是完全两个概念。那个时代人们需要先用打火石和打火铁在靠近火绒的地方撞击打出火星，然后将引火用的木片（杉树或者扁柏树的薄片，一端涂有硫磺）靠近火绒点燃作为火种生火，这个必需的流程是非常麻烦的。

江户町内卖引火木片的货郎会在街上叫卖。（图21）

图21 “引火木片货郎”。(《江户工匠歌合》)

所以对居住在长屋里面的人来说，自己生火做饭是一件非常麻烦的事情。

壱人もの荒神様をさむがらせ
一人独居不生火，灶神亦冷清
（一个人独居，灶神都觉得冷清）

万句合　1762

灶神是守护灶台的神仙，普通家庭会在灶上摆台祭祀灶神。这个句子里描述的是家里灶上长久不生火的景象。

たまさかにけぶりを立てる壱人者
灶上烟火甚少起，独居在长屋
（很少生火做饭的都是独居在长屋的人）

柳一十　1775

这句说的是独居的人家里灶上基本上看不到烟火。《画本柳樽》第二篇（1841）之中也绘出了这样的情形（图22）。

虽然人口普查没有包括武士家庭，但由于江户是幕府的都市，可以推断在人口普查开展的1721年，江户还居住着与市民同等数量的武士50万人左右。武家群体也是男性为主，参觐交代制度使270位大名入驻都城，他们都在江户设置了藩邸。这些藩

图22　独居者生火做饭。图中的文字是“たまさかにけぶりを立てる壱人者”（灶上烟火甚少起，独居在长屋）。（《画本柳樽》第二篇）

邸的数量在18世纪后半叶包括上、中、下级在内达到了734所之多。其中，来参觐的武士大多是单身赴任，下级武士会住在江户的长屋之中自己生火做饭。

另外还有住在江户的旗本也就是御家人（直属将军的武士）22000人，下面也聚集了很多武家奉公人，他们也以独身赴任者为主。

江户是一个男性的都市，武士和平民都以独居的男性居多。他们非常依赖外食，因此煮卖茶馆就扮演了非常重要的角色。

5. 大量煮卖茶馆业务转变，成为居酒屋

江岛其碛的《倾城色三味线》（1701）中描绘了煮卖茶馆夜间可以营业的时期，客人在店内居酒的情形（图23）。向游女倾城求爱失败的男子看破红尘，走进浅草寺辖区内的一家“煮卖小店”，痛饮一杯之后又要了一杯临终之酒，坐在店铺里的长凳之上，一只手拎着铫鳌喝酒。店内有女店员在招待客人，整个画面看起来画的是专门提供茶水歇脚的店铺，我们也可以看到煮卖茶馆里面有客人居酒的情形。

煮卖茶馆之中这样卖酒的店铺逐渐增加，“煮卖酒馆”这个名词随之诞生了。煮卖酒馆和居酒屋几乎是同时代出现的名词，但是在一个时期内二者的营业项目是不同的。

图23　煮卖茶馆内的居酒。客人拿着酒壶在饮酒。(《倾城色三味线》)

にうり屋へなんだなんだと聞て寄り

行人再三来相问，煮卖是何物

（陆续有客人来问煮卖屋卖的是什么）

柳二　1767

正如句子中描述的那样，在煮卖屋（煮卖茶馆）里，已经可以买到不少种类的菜品了。煮卖酒馆处在煮卖业务的延长线上，在提供种类齐全的菜品这一点上是与居酒屋不同的。前文提到1783年进行酒馆数量调查的时候，调查中提到“煮卖食物的同时也卖酒的为煮卖酒馆”，在报告中与酒屋做了区分，调查时被当作一个单独的品类。进行这个调查的时候，居酒屋是被归到酒屋类别中统计的，所以主要做煮卖业务同时也卖酒的店铺是煮卖酒馆，而以居酒为主要业务的就属于居酒屋，二者是区分开来的。

虽然进行了这样的区分，事实上二者之间是很难划清界限的。随着居酒屋下酒菜的日益丰富，二者的区别就更加模糊，不久囊括两者的“煮卖居酒屋”这个称呼应运而生。1811年进行“食品商人”数量的调查时，二者被统一归类在“煮卖居酒屋”的品类之中。

结果，按照两者合一的大类别“煮卖居酒屋”进行调查统计，店铺的数量达到了1808家，在“食品商人”业务类别中是数量最多的，占了整体的23.8%。也就是说，“煮卖居酒屋”这个大类别出现了。

另一方面，“煮卖茶馆”的数量只有188家，还不到煮卖居酒屋的十分之一。这里统计的煮卖茶馆是指店里不提供酒，或者只提供外带服务的类型。由此可以推断，大部分煮卖茶馆都转变成煮卖酒馆，成为“煮卖居酒屋”中的一员了。

“煮卖居酒屋”这个名词是我们了解居酒屋的发展历程时需要注意的一个名称，在史料上其实很难看到，一般被分散称为居酒屋、煮卖屋、煮卖茶馆、酒屋等，本书也根据不同情况使用了这些名词，事实上它们都可以当作居酒屋来理解。

四

江户所饮之酒

1. 江户所饮的下行酒

前面的章节记述了居酒屋发展成一个大产业的过程，接下来我们来看看江户时代所喝的酒。

江户饮用的的酒多是从京都方向（畿内地区）运来的下行酒“诸白”。所谓“诸白”，做法与今天的日本酒相同，即用精白米做成酿酒用的蒸米和酒曲米造清酒，做法始于16世纪中叶的奈良。与诸白相对，酒曲米用玄米、只有蒸米使用白米造出来的酒称作“片白”。《本朝食鉴》（1697）之中有记录：

> 如今酒中之绝品乃是诸白，诸为“共同”“皆”之意，白则意为此酒乃白米、白曲所造而成。诸白乃于和州（大和国）之南都以及摄州之伊丹、池田、鸿池、富田等地酿造而成，出酒后运往难波、江都，是酒中之最上品。

从中我们可以得知诸白的名称来历、产地和酿造好运往江户等信息。

诸白的酿造，始于南都，也就是奈良。《酒茶论》（室町时代末）记载："日本名酒虽多，其中最为著名之酒乃是在大和国听闻的名为诸白之酒，据说是奉春日大明神之神谕造出的酒中之王，并以此为名。"这里称奈良的诸白乃是酒中之王，《邦译日葡辞书》中也记载了"morofacu（诸白）是日本非常珍贵的酒，产自奈良"。

织田信长曾经饮用诸白酒。1582年三月，织田信长成功将武田胜赖击溃在甲斐国田野町，并将骏河、远将两个藩国赐予了与他协同作战的德川家康。作为答谢，德川家康于同年的五月十五日赶赴近江安土城拜谒，信长在安土城举办了招待家康的宴会。《信长公记》里记载了当时的情形："招待之事，委任日向守（明智光秀）统筹，调遣京都、堺市域内之珍物，极尽奢华，于十五日至十七日进行庆典。"奉命负责招待的是明智光秀，招待宴会持续了三天。在进行答谢宴的时候，兴福寺大乘院进献"杯台"和"山樽三荷、上等诸白"，获得了以信长为首的万人称赞。众人喜称"寺门之名誉，继承人之高名"（寺門の名誉·御門跡の御高名なり）（《多闻院日记》，同年五月十八日）。可以想象当时信长和家康举"山樽"推杯换盏饮诸白，加深了彼此的情谊。到五月二十九日，信长为了攻取日本中国地区进军京畿，入驻本能寺，六月二日遭到明智光秀的袭击，自刎结束了他四十九年的生命（本能寺之变）。

诸白中，最早是“南都诸白”获得了非常高的评价，之后诸白的主产地逐渐从奈良扩展到摄津（大阪府北部与兵库县东部）的伊丹、鸿池、池田、富田等地。到了江户时代，这些地区的造酒业逐渐发达起来，成为酿造诸白的著名产地。

下行酒中伊丹酒的名气最大，《摄津名所图会》（1798）里记载，“名产伊丹酒。酒匠铺子共六十余家。酿造美酒数千斛运送到诸国”，描绘了伊丹造酒业的盛况。（图24）

此外，《日本山海名产图会》（1799）中也记载：

> 如今天下无可与日本之酒相比者，（略）其中以摄州伊丹酿造之酒尤为醇厚，造成后多以舟车载之，领将军之命供奉，故而特享许可之印章。如今远在他国唤作诸白者，所指乃是伊丹所产之酒也。因而伊丹也可称之为日本美酒之源。

文中对伊丹的酒进行了称赞，从“选米”到“除渣”都以附加插图的方式进行了讲解。（图25）

伊丹的酒之所以能够获得这么高的赞誉，得益于酿造时使用的水。有观点认为：“凡造酒者，首先须选水。（略）精选水后，须精选米。”（《本朝食鉴》）说的是造酒首要的是水，名酒都是因为有好水才能造出。《万金产业袋》（1732）中记载“伊丹、富田所造之酒被称为生诸白，其秘诀在于水”，也认为伊丹的造酒业得益于优质的水源。

图24 伊丹造酒。描绘了米从加工到精米再到蒸米的过程。(《摄津名所图会》)

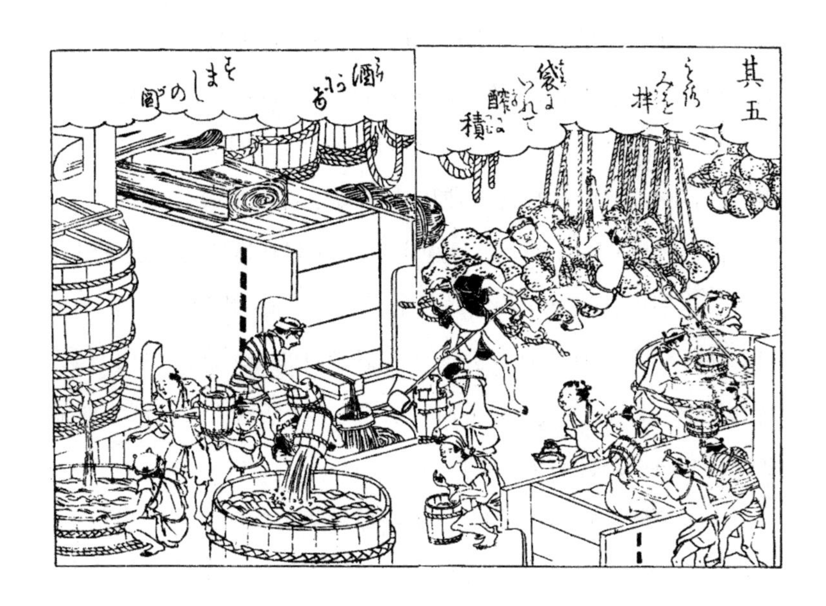

图25　酒的榨取和去渣图。图中描绘了伊丹造酒的最后环节。(《日本山海名产图会》)

伊丹的诸白被称为“生诸白”，前文中提到的两国广小路一带的居酒屋销售的就是这个生诸白。（图11）

2. 酒的海上运输

江户所饮用的酒是“下行诸白”。《万金产业袋》中记录“遍览江户，无本地所造之酒。偶得今日繁华之都城，人口众多。偌大之城，昼夜所饮之酒，多为伊丹、富田或池田所运来之下行酒”，可见一直到江户时代中期，江户地区都很依赖下行酒。

被送到江户的下行酒，最初是靠马匹陆路运达的，进货量比较小。出羽国秋田藩士梅津政景的日记（《梅津政景日记》）中记载，1621年十二月八日“去奈良购买诸白的相坂所左卫门归来。新酒三驮、旧酒二驮，共买回五驮酒”。可见秋田藩在江户时需要家臣专门去奈良购买生诸白。

宽永年间（1624—1644），依靠船舶运输的海上运酒出现了，运往江户的酒也变多了。《色音论》（1635）是一本江户导览书，列举了江户“当下最流行的事物”，其中就有“诸白”。

不久，大量下行酒搭上菱垣回船走上了海运之路。菱垣回船运酒始于正保年间（1644—1648），运抵江户的酒大部分先从伊丹、池田等产地运到摄津的传法（大阪近郊），然后通过海运送抵大阪，再从大阪搬上菱垣回船送达江户（《滩酒沿革志》，图26）。

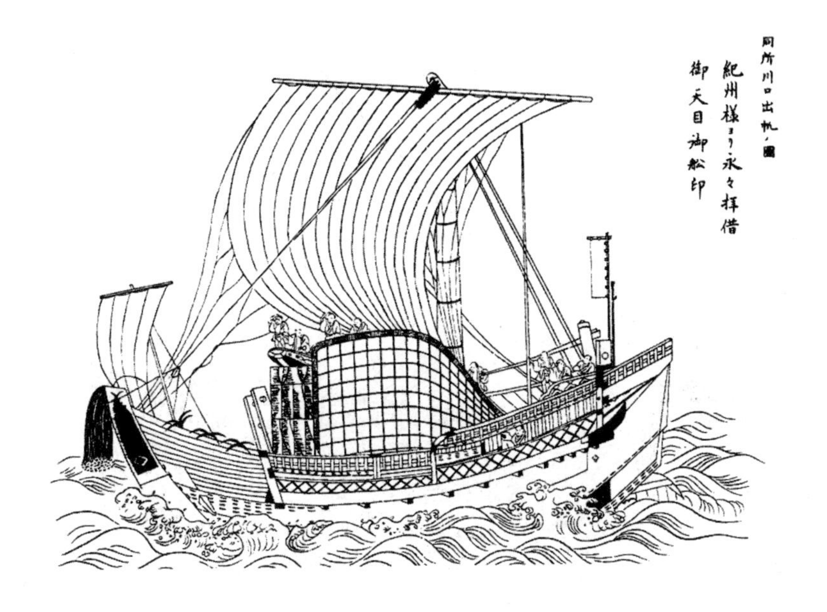

图26　菱垣船。船舷栏杆的下方有一格格的花纹，因此得名菱垣船。(《诸间屋沿革志》)

有了菱垣回船的海上运输，大阪销往江户的下行酒开始增加，参看大阪奉行所奉幕府之命调查的资料可知，1724年到1730年的七年间，大阪运往江户的酒总量（江户收货总量）为每年22万樽（《大阪市史·十一品江户积高觉》)。

随着下行酒运输需求的增加，以往与其他物资混杂船运的方式逐渐被淘汰，从1730年开始航速更快的运酒专用船“樽回船”成为运酒的海上主力（图27）。

图27　樽回船。(《诸间屋沿革志》)

3. 酒品牌的新旧更替

提到知名的酒产地，人们首先想到的就是滩地区，但事实上滩酒进入下行酒行列已经是江户中期的事情了。滩酒可考被纳入下行酒行列是在1755年(《下行酒问屋台账》)，又过了一段时间才取代伊丹酒和池田酒，占据了下行酒的中心地位。《名酒名册》一般被认为是江户后期名酒的排行，其中记载位居前列的依然是伊丹酒和池田酒，滩酒的名字在行列头部的中下位置(图28)。

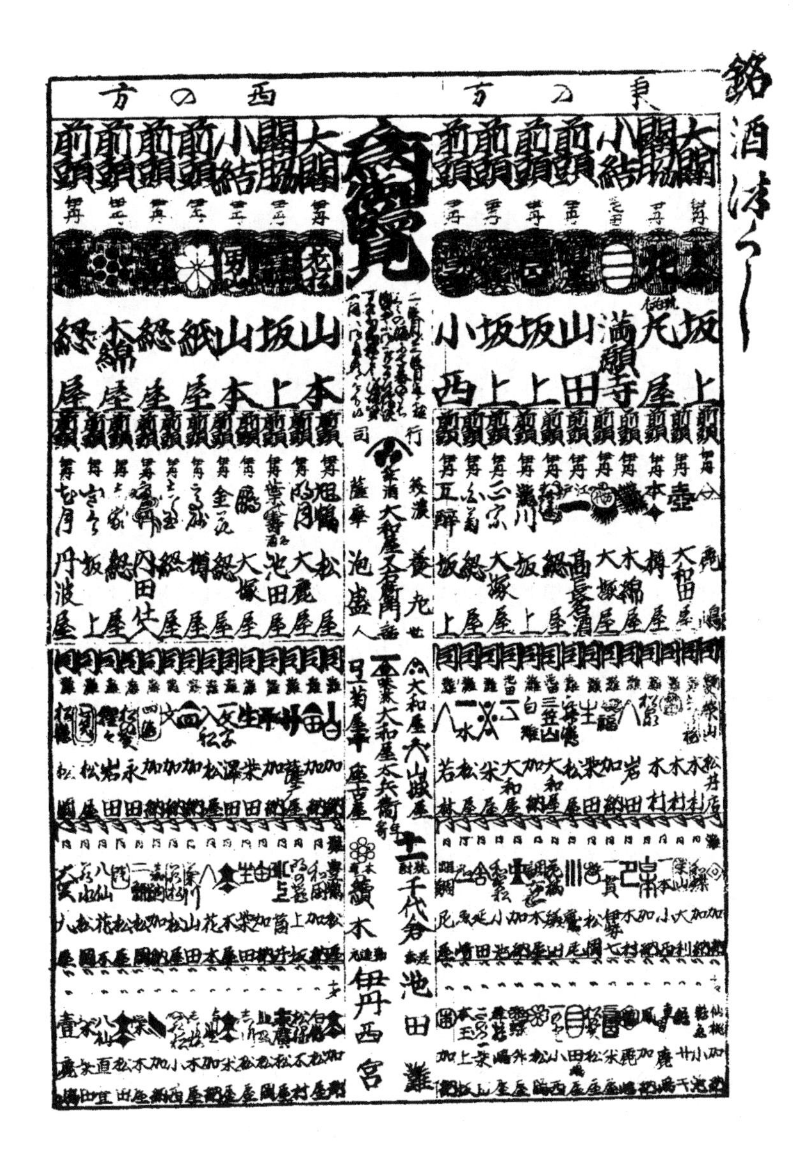

图28　名酒排行。排名靠前的是伊丹酒。(《名酒名册》，江户后期)

查看新旧交替时期江户名主的文书，在1856年十一月的日记里可以看到：

> 从古至今，池田和伊丹都是最佳的酒品产地，从三四十年前起，池田的造酒产业开始衰败，现在几乎消失了。二十年前伊丹造酒业十分繁荣，但是因为井水变化等原因现在也衰退了。十四五年前，滩城的酒逐渐味道变好，现在使用非常优质的西宫井水造酒，造上品酒的产业在西宫繁荣了起来。(《重宝录》)

此段讲述了池田和伊丹等地的造酒业逐渐衰微，地位被包括西宫在内的滩城地区取代，滩城酒业开始繁荣的经过。《守贞谩稿》里面也有记载：

> 昔日摄津伊丹之酒最佳，现虽仍有众多造酒酒家，但近年滩城之酒已为最上品。滩城位于大阪以西，接海湾。池田昔日位列伊丹之后，现亦已衰微。

这里记录的内容与《重宝录》之中记载的相符。

《重宝录》里记录滩酒“味道变好”是在“十四五年前”，也就是1841年左右的事情，正是这个时期，滩城下属的西宫地区发现了很适合造酒的硬水“宫水”。水是造酒业至关重要的因素，使用宫水作为造酒的水源使滩酒的品质提升，这是滩地区成为名酒产地的重要原因。滩酒在造酒业上据有压倒性领先优势还有几个重要因素，其中包括利用六甲山脉的急流驱动水车加工精米，用集中冷酿的方法来锻造品质上乘的酒以及通过海上运输将所产之酒运往江户的地理优势等。

江户时代伊丹所产之酒“白雪”和“老松”直到现在仍保持在伊丹酿造，但当时在江户最受欢迎的“剑菱”因为造酒产业经营者更换，转到了滩地区酿造（其非常具有特色的商标“[illegible]”也被继承）。池田的名酒“吴春”就只剩下“酒藏”一家造酒店铺了。

4. 带有附加价值的下行酒

江户消费的下行酒有着原产地无法享受的附加价值，那就是在运输途中所产生的味道变化。下行酒在运输途中味道会得到改善，《万金产业袋》中记载：

> 伊丹、池田的酒在刚刚酿造出来时，酒味辛辣，闻之有苦味。然经长途海陆运输抵达江户后，满愿寺略带甜味，稻寺香气扑鼻，鸿池不辛不甜味正相宜。下行之后再品樽内之酒，味道会有所不同。皆因在四斗酒樽内，酒经海浪颠簸、咸涩海风吹打，酒之品性发生变化，味道也随之产生了变化。

这里满愿寺指的是池田满愿寺的酒，稻寺指的是稻寺屋的酒，鸿池是指伊丹附近鸿池的酒。这些酒在长途海路运输途中，酒桶受到海浪的晃动，海风的吹打，味道发生了变化，各自的味道有很大的变化。有句云：

やはらかに江戸で味つく伊丹酒

江户饮之极绵软，伊丹之酒水

（在江户喝伊丹酒，味道特别绵软）

俳谐媒口　1698

也就是说海运使酒的味道变好了。正因此，关西地区甚至开始盛行将酒先从摄津运到江户，然后再运回当地饮用的做法，这种酒被称为富士见酒。《一本草》（1806）中提到：

摄津到江户之下行酒，味道与气味极佳，盛行于世，因此有时甚至会在江户留下一二桶运回到摄津饮用，被称为富士见酒。

当时的幕府大臣木室卯云在1766年奉幕府之命进京上奏折时，曾经在《见京都物语》里写道："所谓富士见酒，乃是一度被运往江户又返回之酒。"这说明在京都富士见酒也被当作珍品。大田南畝（蜀山人）在大阪铜座任职期间的1801年曾经在给友人的书信中提到如下内容：

> 这里（大阪）的池田、伊丹附近所产之酒酒劲极为猛烈。（略）前段时间别人送了我一桶一度送抵江户又运回来的酒。据说伊丹所产的酒两次赴江户的话就是两度见过富士山之酒了，被称为二望岳。这酒原本的名字是白雪。如今口感柔和甚佳。
>
> 《大田南畝全集》“书简”十九

池田和伊丹所产之酒原本甚烈。但是到江户“船渡”回来之后，再喝起来就变得绵软甘甜。大阪也很流行喝富士见酒。大田南畝所喝的“白雪”乃是伊丹的名酒，因为见过了两次富士山而得名“二望岳”，一般情况下从江户船运回来的酒被称为“富士见酒”。

在京畿地区，大家为了喝上口味好的酒要花费这么大的精力，而在江户，大家一直饮用的都是口味精良的下行酒。江户的醉酒文化与酒的口味有着非常大的关系。

5. 元禄时代的酒问屋街

江户时代，随着近畿地区的酒不断被运送到江户，专门做酒类经销批发零售专卖的“回船问屋”（下行酒批发商）出现了。

在刚开始使用菱垣回船运送下行酒的正保年间（1644—1648），江户应该就已经出现了倒卖批发酒类的经销商店。据《东京酒问屋沿革史》的记载："正保年间江户做下行酒经销的回船问屋共三家，大阪也不过七家，随着江户地区需求的增加回船问屋的数量也逐渐增加了。"

下行酒的增加带动了江户地区回船问屋数量的增加。1686年发行的江户城导游手册《江户鹿子》中记载，"下行酒馆在中桥广小路，吴服町一町目、二町目和濑户物町一町目"，标注了下行酒馆所在的位置（图29）。

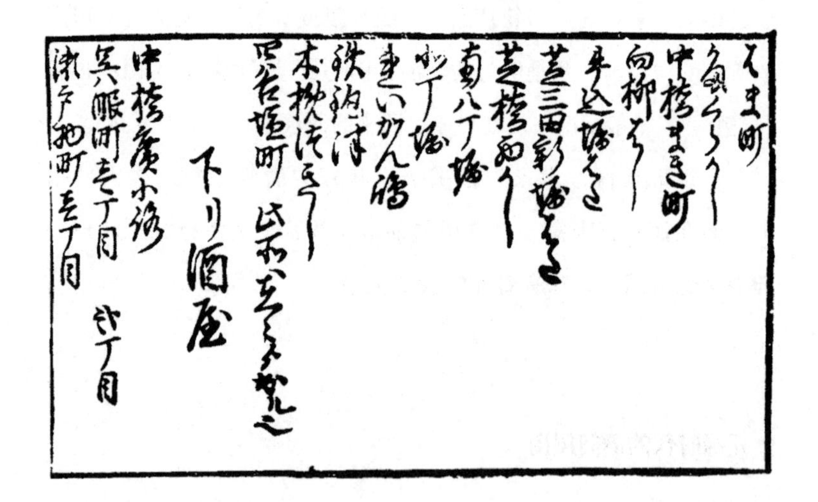
下り酒屋
中橋広小路
呉服町壱丁目　弐丁目
瀬戸物町壱丁目

图29 《下行酒馆》。左下侧记录了下行酒馆的位置。(《江户鹿子》)

关于吴服町酒问屋（经销商）街的盛况，井原西鹤曾经有这样的介绍：

> 览吴服町之胜景，极品诸白酒及各类名酒皆可见于招牌之上，鸿池、伊丹、池田，山本、清水、小滨，南都等诸地所产之名酒陈于架上。好酒者于门前过，可享千年之乐。
>
> 《俗徒然》 1695

意思是在江户吴服桥御门东侧的吴服町（现东京都中央区八重洲一丁目附近），多家酒铺并排营业，招牌上写着包括最上品的诸白酒在内的各地名酒，喜好饮酒之人光是从这些店铺的门前经过就一定可以绵延千年的寿命。

> 沢山の酒やがあってごふく町
> 酒馆林立成胜景，正是吴服町
> （吴服町有很多酒屋）
>
> 宝船　1703

吴服町得名于坐落在附近的幕府吴服师[1]后藤缝殿助的宅邸，并不是因为附近有很多吴服店铺。名字虽然叫吴服，实际上却满

[1] 吴服师，为将军家提供和服的亲信。吴服即和服。

是酒铺，上文俳句所感叹的就是这个情形。吴服町到今天又完全变了模样，现在东京站附近全是高楼大厦，已经完全没办法让人联想到当年的样貌了。

之后酒问屋的数量依然保持增加的态势，1737年的《酒问屋人别书上》中罗列了72家酒问屋的名字，遍布12个行政区域。（《东京酒问屋沿革史》）

6. 新川酒问屋的繁荣

不久以后，新川发展成下行酒交易的一大集散地。新川是将灵严岛南北分开的运河名称，一般将运河沿岸的街区统称为新川地区。

从上文中提到的《酒问屋人别书上》中，可以查阅到新川地区的23家酒问屋（北新川16家，南新堀7家）。到这个时期，三分之一的酒问屋都集中到了新川地区。

> 新川はよしあし共にかんではき
>
> 品之辨其优与劣，新川售之酒
>
> （新川酒的好坏要喝了判断）
>
> 万句合　1765

这首诗描述的是新川酒交易的情景，买主通过酒含在口中再吐出来品酒之味，决定酒的价格。在酒问屋里，“酒库二掌柜将买酒商人带进酒库，按照商人的要求让其品酒，决定价格和酒的樽数和价格之后进行交易”(《万金产业袋》)。

后来新川的状况发展到“南北鳞次栉比，新川新堀酒问屋的数量，观两岸酒窖之入口即可知之”(《古朽木》，1780)，两岸酒问屋的数量已经发展到惊人的程度。

《江户名所图会》(1834—1836)的《新川酒问屋》详细地描绘了其繁华的样子(图30)。满载着下行酒的船只往来于运河之上，运上岸的酒樽被搬进酒窖，酒问屋的门前堆满了酒樽。右下角还有很多人在将酒桶搬到大八车[1]上，这些都是运输下行酒的实际情形。

现在新川运河已经被填埋，以前两岸的盛况早已不见。旧运河口附近的新川公园里还伫立着“新川遗址”的石碑。碑文里写道：

> 这个新川运河据说是豪商河村瑞贤为了方便搬运诸藩国船运至江户的物资上岸，于1660年开凿的，瑞贤还在一桥的北端建造了自己的府邸。当时这一带酒问屋一家接着一家，有很多插画和浮世绘都描绘了河岸边上酒窖鳞次栉比的景象。1948年，新川被填埋。(以下略)

---

[1] 大八车，江户时代到昭和时代初期用来运送货物的木制人力推车。也可写作“代八车”。

图30 《新川酒问屋》之繁华。(《江户名所图会》)

五

造酒的规则和规则的放宽

1. 江户幕府的造酒规则

造酒需要大量的米作为原料。《和汉三才图会》（1712）中记载，用八石米酿造“清酒”，依然“约可获酒八石”。《日本山海名产图会》（1799）中记录，以伊丹一家造酒铺子为例，八石二斗五升米可以酿造出九石多的酒。也就是说造一石清酒几乎需要等量的米。《日本食志》（1885）之中也有记录：“以尾张知多郡为例，截至文政时期，昔每十石米加以清水，以五石五斗分开，最终可得清酒共九石五斗。”这个比例一直维持到文政年间（1818—1830），明治时代（1868—1912）加水量逐渐增大，“现在（能造出的酒）可得十七石四斗之多”（《日本食志》），一石米可以酿造一石七左右的清酒。即便是这样，造酒依然需要大量的米。

对依靠农民缴纳岁供作为主要财政来源的幕藩体制来说，米价的稳定是至关重要的。需要消耗大量米的造酒业对米价产生了影响，因此造酒也就不断地受到管控。

在江户时代，并不是谁都可以造酒的。幕府设立了造酒许可（酒证）制度，给从业者颁发标明了酒量（造酒量、用米量）的造酒许可证，只有拥有这个许可证的酒铺才可以造酒。酒铺不可以超量造酒，当然，根据当年的丰歉和米价的高低，造酒量的限制也会有所浮动。

幕府最早对造酒量颁发限制令是在1642年，后来从1658年开始几乎每年都会颁发。造酒限制令从最初的造酒量减半令，到在减半的基础上再减半的四分之一造酒令，再到1670年颁布限制令要求“诸藩国所在之地，寒造所用米量，应与上年相同，（略）今后寒季以外的新酒酿造（当座造）须停止”。这样，限制令不仅针对造酒量，连造酒的季节都加以限制。

所谓寒造，指的是在入冬（1月5日左右，阴历十二月初五前后）到第二年立春左右的寒季造出的酒，除此以外造出酒都被称作“当座造新酒”。寒造是在当年米的收割已经完成的冬季酿造的酒水，当年的丰歉情况已经明了，所以限定造酒的季节其实是为了更严格地限制造酒量。到了次年，甚至连冬季的造酒行为也被禁止了。冬造是指寒造前后酿的酒，因为时间上与寒造相连，难以严格划分，所以干脆被取缔了。

从此以后，造酒被限定在了寒季，造酒量也会根据当年的丰收情况进行调整。

2.“随意造酒令”的东风

限制造酒量持续了一段时间，到了1754年，幕府出台了解除造酒限制的“随意造酒令”(《御触书宝历集成》一三八三)。当时因为米价丰年下跌，所以才有了“随意造酒令”的出台。不过，随意并不意味着酒铺可以无限制地造酒，政令要求的是“以元禄十年许可的造酒量为上限，新酒、寒造等皆不受限”，也就是说酒铺可以按元禄十年（1697）政令要求的造酒量造酒，长年对造酒季节的限制也解除了。

虽然是有条件的，但是这样的“随意造酒令”一出台，造酒量就飞速增长并超过限制。

推动宽政改革的松平定信的自传《宇下人言》(1793）中记录了详细的情况：

> 造酒铺这几年逐渐增多了。元禄年间开始的造酒量的限制今天被称为株高[1]。株高曾一度降低到原来的三分之一左右，但是现在随着米价的降低（1754），禁令解除，可以在株高的范围内随意造酒了，使得株高有名无实。民间普遍误认为可以随意造酒，不再遵守许可证上的株高，有些铺子在十石的株高许可下，造酒达百石、万石。因此幕府在1789年调查了各个藩国的造酒

[1] 株高，是指江户时代被酿酒业者认可的酿酒量。

量，比起元禄时代的造酒量，现在在株高只有当年三分之一的情况下，实际造酒量居然超过了当时的两倍。现在关西运往江户的酒已经不知有多少，同样，从东流向西的银钱也不知有几何。

1754年的“随意造酒令”颁布之后，1697年分配给各造酒铺子的株高已经名存实亡，造酒量的限制已经失效了。

“随意造酒令”出台的时期，正是居酒屋开始出现的时期。随着限制的放宽，市场上流通的酒开始增加。之后政策的放宽一直持续到1786年，这也成了居酒屋发展的东风。

六

关东地区的本地酒

1. 江户的本地酒

“随意造酒令”颁布三十年以后，始于1783年的农田歉收导致的饥荒（天明大饥荒）开始了。因此1786年造酒限制令又一次出台，但大量运往江户的下行酒却没有受到影响。其间，1787年松平定信出任首座老中[1]，开始了宽政改革。江户从幕府开设以来已历经了一百八十年之久，然而在商品的生产能力和品质上仍比不上关西，西高东低的情况依旧。所以商品由西流转向东，随之货币则是从东流向西。特别是造酒业，差距异常明显，关东的造酒业规模小，酒的品质也较差，导致近畿地区的下行酒对关东的本地酒有着压倒性的优势，下行酒占据了绝对的市场份额。连松平定信都明言：“现在关西运往江户的酒已经不知有多少，同样，

[1] 老中，江户幕府的职务制度中拥有最高地位和资格的执政官，直属于将军，负责统领全国政务，采取月番制，轮番管理不同事务，一般是从二万五千石以上的谱代大名中选出，共四或五人。

从东流向西的银钱也不知有几何。”(《宇下人言》)

关东产的酒并非没有知名的。本地酒之中最有名的当是浅草并木町(浅草寺雷门前的街道)山屋半三郎所造的“隅田川诸白”。《道听涂说》(1825—1830)上记载“好酒者喜饮之酒当首推池田、伊丹、滩之酒,关东所造之酒,以浅草山屋之隅田川为最佳”(图31)。关于山屋酿造的隅田川,《浅草寺日记》1797年八月十三日一条记载:“隅田川在享保七年发生的大事就是,半三郎取隅田川之水造酒,传法院的僧正将上图之铭文颁发给半三郎,之后其后代进行了数代的经营。”《续江户砂子》(1735)也记载:“隅田川诸白、浅草并木町、山屋半三郎,据说是取隅田川之水所酿造。”

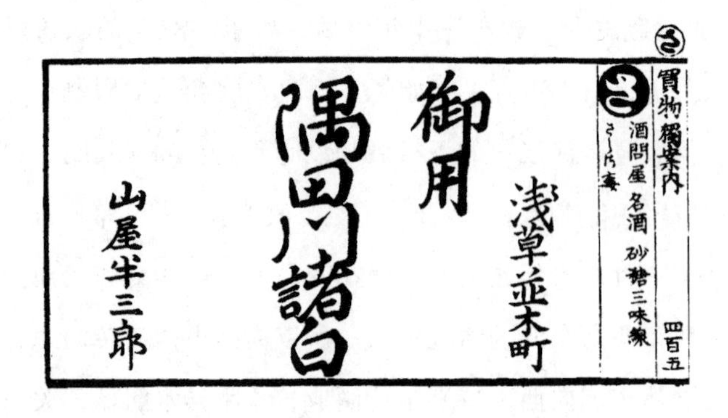

图31 《江户买物独案内》(1824)刊载的《隅田川诸白》

“隅田川”,顾名思义是以隅田川之水酿造而成的酒。另有《江户尘拾》(1767)记录:“隅田川诸白,产于浅草雷门前。取本所中之乡细川备后守殿下宅邸的井水酿造而成。”

此外,江户的名酒还有浅草驹形町的内田甚右卫门所造的

“宫户川”和“都鸟”。《和合人》初篇（1823）中，三个登场人物将装有宫户川的酒壶放在桌上，边喝边聊天：

> 茶见：“（中略）这成色真好啊，不管怎么看隅田川都是很好的。”
>
> 张：“你蠢呀，看到浅草名酒就认为是隅田川。这个酒是宫户川。”
>
> 茶见：“什么，宫户川？真是呢，浅草驹形町内田甚右卫门，原来如此，这还是第一次见呢。”
>
> 矢场：“什么，你不认识那个内田吗？”
>
> 茶见：“说什么傻话，驹形町的内田谁不知道，我说的是这个酒。”
>
> 矢场：“你才傻呢，现在还有人不知道宫户川吗？家里厨房要是不放上一桶都鸟，那还能叫喝酒的人吗。”（图32）

对话提到“现在还有人不知道宫户川吗”，可见在当时的江户，宫户川已经广泛受到爱饮之人的喜爱。对话中还提到了都鸟的名字。关于都鸟，曾有川柳称赞道：

> 都鳥呑ば足まで赤くなり
>
> 赤足恍若红嘴鸥，饮都鸟之酒
>
> （喝都鸟酒全身都会红透）
>
> 柳一一五　1831

图32　围坐在宫户川酒壶周围的酒宴。(《和合人》初篇)

都鸟是红嘴鸥的雅称，它的脚是红色的。宫户川是浅草寺附近隅田川的别称。都鸟这个说法因原业平路过隅田川时留下的诗句“都鸟应知都下事，我家爱侣近如何”(《伊势物语》，10世纪，丰子恺译)，而以“隅田川之都鸟”而闻名。

因此，隅田川诸白、宫户川、都鸟这江户三大名酒，都是因与江户的日常生活紧密相关的隅田川而得名的。

江户也造出了很受欢迎的本地名酒，不过还是无法超越伊丹和池田的地位。《富贵地座位》(1777)的“酒之部”给名酒做了排名，伊丹的“剑菱”和池田的“满愿寺”都排在“角田川诸白”之上。（图33）上文提到的《道听涂说》中也有“好酒者喜饮之酒当首推池田、伊丹、滩之酒”的内容，可见江户的本地酒与下行酒相比质量还是有差距的。

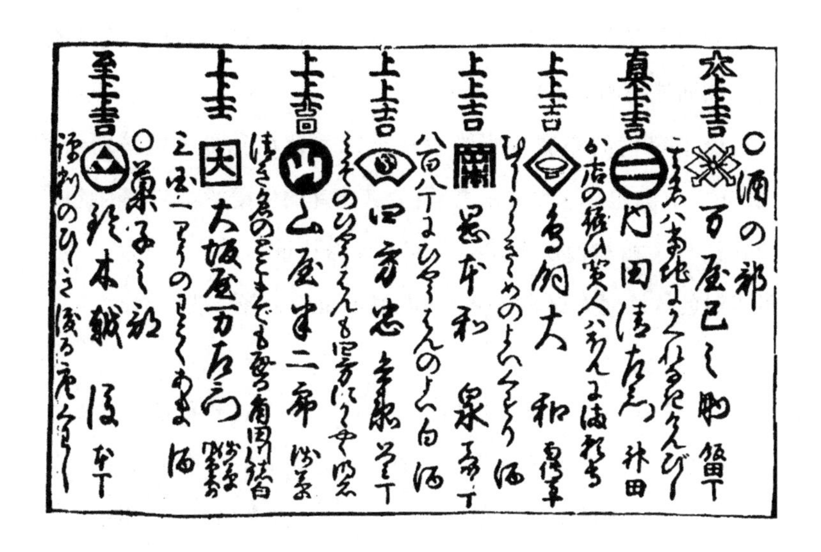

图33　酒的排名。右侧（排名靠前）开始依次是“剑菱”“满愿寺”“药酒”“白酒”“明石”“角田川诸白”“甘酒”。（《富贵地座位》）

2.《御免关东上酒》的试行

松平定信为了限制金银的西流，一方面采取了在总量上限制销往江户的下行酒等做法，另一方面，又在1790年出台了鼓励生产本地酒的政策来对抗下行酒，借给武藏[1]和下总地区11家酒铺酿酒用的米，要求他们酿造与“近畿地区同样品质的好酒”（《御免关东上酒》的试行）。这样试造出的酒拥有许可，可以不经过酒问屋直接进行零售，还可以打着“御免关东新制上酒”的招牌运到灵严岛、茅场町、小网町、神田川码头设置的直营商铺销售，然而这些酒的市场反响并不好。

松平定信的心腹水野维永在记录宽政改革的《世情册子》（1830）中讲述过这种关东上酒：“满愿寺的剑菱酒都应该因此降价，江户中相和善饮之人都大悦，皆称越重（定信）之功。”可见当时的饮酒之人都非常期待下行酒的价格下降。然而，

> 所谓御免新酒，价格便宜，有一些味道也不错。酒曲发酵后略甜，饮后立即酒气上行，直达胸口。这个季节乡下的新酒因为水质的原因味道欠佳，但当作新酒来喝也还算不错。因为招牌上写着御免，所以觉得有点新鲜特别才会买，价格跟乡下的新酒也差不多。虽然味道还可以，但是因为是新开的酒铺所以也可以理解为就是这个水平了。评价有好有坏。（1790年九月）

三个月以后，

---

[1] 武藏，今东京都（不含岛部）、埼玉县、神奈川县东北部区域。

> 御免酒也就是一时的新鲜（指在售的时期），过段时间之后就门可罗雀，本来也都是味道比较淡的酒，到了这个时节也是卖不出去的。终于旧酒（加热之后贮藏了一段时间的酒）和新到的下行酒也开始涨价了。（1790年十二月）

在这样的情况下，下行酒价格反倒上涨了。

定信做了很多努力，还没有等到关东酿造出可以跟下行酒的品质匹敌的好酒，就在1793年被免掉了老中之职。之后虽然江户依然是下行酒盛行，但是以“御免关东上酒”敕令为契机，关东地区酒的品质开始改善，产量增加，江户地区本地出产的酒也增多了。

从1795年到1801年的七年间，平均每年“下行酒和本地酒”在江户地区的入货量高达929520樽之多，其中下行酒815530樽，本地酒113990樽，本地酒的市场份额达到了12%（《宽政享和撰要类集》“造酒之卷”）。

关于运进江户之酒的数量，《守贞谩稿》里记载“在天保府旨意颁布之前，每年所用之下行酒多达八九十万樽”，“此外，江户及其周边地区酿造的酒也就是所谓的本地酒，数量大概也有十万樽之多”，与前文之中的记载是一致的。

《守贞谩稿》里面提到的“天保府旨意”指的是天保改革（1841—1843）。在19世纪前半叶的江户，包括本地酿造之酒在内，每年需要消费90万樽的酒。

七

醉酒的天国——江户

1. 江户，一个醉倒的城市

19世纪前半叶，江户市民每年的饮酒量多达90万樽。酒樽（四斗桶）一樽一般可容三斗五升的酒，90万樽大概是56700升。如果按照当时江户人口为100万来计算的话，那么一人一天大概饮用155毫升的清酒。

那么今天的情况又是如何呢？日本国税厅发布的2011年度《酒类消费数量等情况表》（都道府县）显示，酒类的消费以东京地区最多，成年人平均一天约为301毫升（全国平均值为224毫升）。东京人口众多，这是成年人的消费量，如果像江户一样按照全部居民总人口数来计算的话，每人每天的消费量是255毫升左右，差距很小（全国平均是182毫升）。这样看起来还是当下东京的人均消费较多，但是现在清酒的消费量是每天每人15毫升左右（占6%），比江户时期要少得多。酒精含量约为清酒30%的啤酒和起泡酒占了半数以上（酒精度比较高的烧酒占9%）。如果以酒精的摄入量来比较的话，江户市民在饮酒这件事上丝毫不弱于今天的东京人。

此外，除了清酒，当时的江户市场上还有不少“浊酒”在销售。根据1873年留下的记录，以往“祖传浊酒酿造”的从业人员是330人，在1836年又有1533人加入这个行列，从业人员达到了1863人（《幕末御触书集成》四三七八）。

始于1833年的大饥荒导致了米价高涨，幕府出台禁令将造酒用米的总量限制在以往的三分之一。为了彻底执行禁令，还将销往江户的酒水总量也限制到以往的三分之一。因此江户市内的存酒几乎被消耗完，为了填补这部分市场空缺，浊酒的酿造者就增加了。浊酒也是以米为原料酿造的，当然也在奉行所取缔的范围内，这种从业人员的急剧增加可以看作暂时现象，但是当时江户新出现的浊酒铺子要比以往多出了300多家，这都是在市场的需要下应运而生的。加上浊酒的总量，当时江户的市民所消耗的酒量无疑是巨大的。

也就是说，对于那些以低廉的价格销售浊酒的居酒屋来说，货源是不用发愁的。

当时住在大阪的狂歌师笔彦所撰写的《轻口笔彦咄》（1795）中有这样的句子，“江户为美酒醉倒，京都为服装倾倒”，而“大阪为食物倾倒”，对比了江户、京都、大阪这三座城市，体现了在大阪人眼中江户这个为酒醉倒的都市形象（图34）。

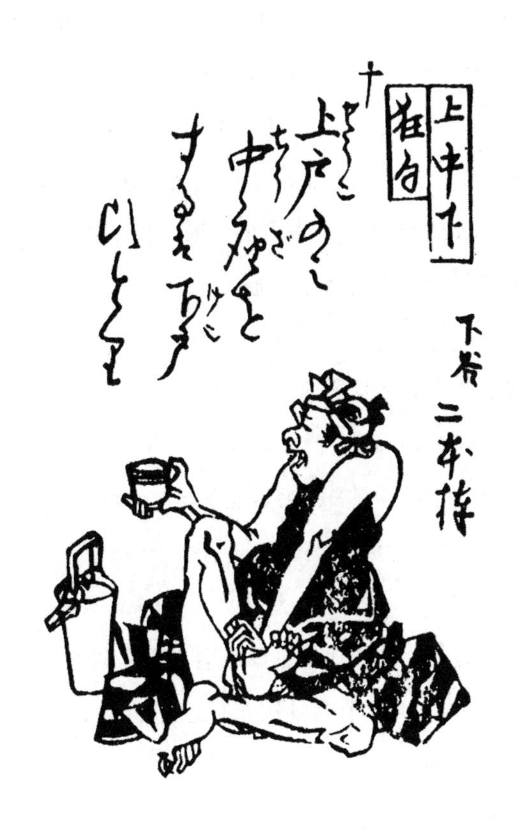

图34　好酒之徒。图上写着“上户席地而坐饮，下户独离席”（上戸のみ中座をするじゃ下戸ひとり）。(《种瓢》八集，1845）

2. 德川纲吉将军的酗酒禁令

大阪人眼中的江户人是嗜酒的，但如果以西洋人的眼光来看，日本人整体的饮酒方式都很不可思议。

信长、秀吉时代居住在日本的传教士路易斯·弗洛伊斯（1563—1597旅日）在他的著作《日欧文化比较》（1585）中比较了在喝酒方法上西洋人和日本人的不同，指出了日本人会互相拼命劝酒，喝到醉酒失态也不以为耻。

> 我们很少会过量饮酒，也不会有人拼命劝酒。但在日本大家会彼此拼命劝酒，常至一人呕吐，他人也大醉的程度。
>
> 我们认为酒喝到失态的程度是非常羞耻、很丢人的，但是日本似乎以醉酒为傲……

针对这种情况，第五代将军德川纲吉踩了刹车。

纲吉在1669年八月十七日颁布了这样的禁令（《御触书宽保集成》二一四五）：

> 一、醉酒会导致一些人行为举止失控。考虑到此类情况，特对酗酒行为颁布禁令，今后请诸位对饮酒一事加倍审慎。
>
> 二、待客时也不可强行劝酒。如果有因饮酒而暴走者，劝酒者也一同治罪。

三、要逐渐减少卖酒的商铺。

禁令的内容针对的正是弗洛伊斯指出的酗酒后失态、强行劝酒的行为。此外，禁令还规定要减少居酒屋的数量。纲吉在其任内颁布了一系列非常著名的以保护生灵为主旨、被总称为“生类怜悯令”的政令。因为他似乎很讨厌酗酒行为，所以当月轮值的老中土屋政直在向其他若年寄[1]传达上述禁令内容的时候，还传话说：“因为将军很讨厌酒，所以大家一定要谨慎，同时也要告诫各自的下属谨慎行事。”（《年录》）这个禁令也通过町奉行传达到江户的大街小巷。（《正宝事录》八四四）

第二年十月，更严格的大禁酒令出台。这一次的禁令增加了对江户市内造酒铺子收取“运上金”（附加税）的内容，要求“遵照去年八月十七日所颁布的命令，禁止大行酒事”（《德川纪实》六篇）。收取“运上金”，一方面是为了填补当时幕府财政上的亏空，另外幕府应该也是希望通过抬高酒价来减少酒类的流通量，抑制大肆泛滥的酗酒行为。

运上金的征收对象并不仅限于江户地区的酒铺，全国各地的造酒铺子都要缴纳。按规定，各酒铺都“需要以高于酒类市价五成左右的价格销售，增加出来的五成今后要作为运上金上缴”（《正宝事录》八六五）。这意味着要在原来的市价基础上征收

[1] 若年寄，江户幕府中仅次于老中的重要职务，负责统辖旗本和御家人。

50%的消费税。所以运上金制度饱受非议，在1709年一月纲吉去世之后不久的三月，就被废止了。

虽然酗酒禁止令没有被撤销，但是这本来也是因为纲吉自己讨厌酒类才下达的旨意，所以在纲吉死后这道旨意便名存实亡，之后再没有类似的禁令出台。

这条禁令颁布一百五十年后，1842年正月，北町奉行所的下级官员向町奉行递交了《北町奉行所同心上申书》(《市中取缔类集》一)，要求重新出台禁令："元禄九年，曾经颁布过禁止大肆酗酒和强行劝酒的禁令，但是那之后再没有过类似相关指示，所以近年来虽然明知有此禁令，依然有很多人以大肆饮酒为荣，往往到引起纠纷的程度。如果现在可以重新出台这个禁令，应该可以训诫市民，规范他们的行为举止和风貌。"

3. 幕府取缔酗酒行为

纲吉去世后，幕府对于酗酒行为并非完全放任，对酗酒闹事引发纠纷的人员也会施以严厉的处罚。第八代将军吉宗的时代将处罚规定明文化，对醉酒后杀人或者暴力伤人的行为要进行如下惩罚(《德川禁令考》后集第四)：

(一)"醉酒行凶杀人者"死刑。

(二)"醉酒伤人者"要受到惩处，武家公职人员相对市民和百姓要接受更严格的惩罚。武家公职人员伤人后要先被交予主家收押，到所伤之人痊愈后，赔偿治疗费用。无论伤情轻重，规定中小性[1]（介于小姓组到徒士众[2]的官职）需要赔付两枚银币（相当于一两黄金的20%），徒士是黄金一两，足轻[3]、中间是银币一枚。无法赔偿者，以往是要用短刀或者其他刀具抵偿，但从1747年开始，在上述赔偿之上又加强了惩罚，加害者会被驱逐出江户。町内的普通百姓，除了要坐牢以外，还要在对方伤势痊愈之后进行金钱赔偿。到了1744年还对赔偿金额进行了规定："市民百姓须赔偿银币一枚，低级手艺商人和百姓等也遵照上述标准支付治疗赔偿。"当时的黄金一两相当于今天的75000日元左右。

（三）关于"醉酒殴打他人者"要接受的惩罚，与（二）中规定的差异不大。如果是武家的公职人员，无法按照（二）中的规定赔偿时，不需要将刀、短刀等交给被害方，而要将自己拥有的其他所有物品交给受害人。普通的商人工匠以及百姓不仅必须坐牢，还要赔偿损失，但是没有规定具体的金额。大概是按照实际情况赔偿相应的金额。

虽然当时有非常严格的处罚规定，但酗酒行为并没有因此得

[1] 小性，也写作小姓，江户幕府的官职名，将军的贴身侍卫。

[2] 徒士众，将军出行时徒步随行，担任警卫的下级武士。

[3] 足轻，步兵。

到遏制，正如人们常说的“大火和酒闹是江户之精华”一样，酒后闹事的情况层出不穷。

《北町奉行所同心上申书》一书也提到，有很多人是以酗酒为荣的。而且有很多专门为较量酒量而开设的“大酒会”。其实“大酒会”的习惯由来已久，山东京传所写的《近世奇迹考》（1804）中写道，“酒战，在庆安时代（1648—1652）非常普遍。樽次、底深（皆为人名）被封为大将，敌我分开，各自募集众多酒兵，拿着大杯子互相较量酒量一决胜负，好一场大戏”，书中还收入描绘当时场景的《酒战图》（图35）。

不确定这种酒战后来是不是还存在，但到了19世纪以后大型酒局再度流行起来。深川的商人青葱堂冬圃在《真佐喜桂》（明治时代前期）里记录了盛行于享和、文化年间（1801—1818）的大酒会：

> 享和到文化年间，东都盛行大食会，特别喜欢将客人的名字按照甲乙的顺序标号。我幼年时，父亲曾带我参加过柳桥万八楼的宴会，府内自不用说，附近得主人赏识的人也都来参加。新奇物品琳琅满目。首先是上户（善饮的宾客）与下户（不胜酒力的宾客）席位左右分开，中间是宴会主办人的坐席。双方饮食的数量都被记录在名簿上张贴出来。

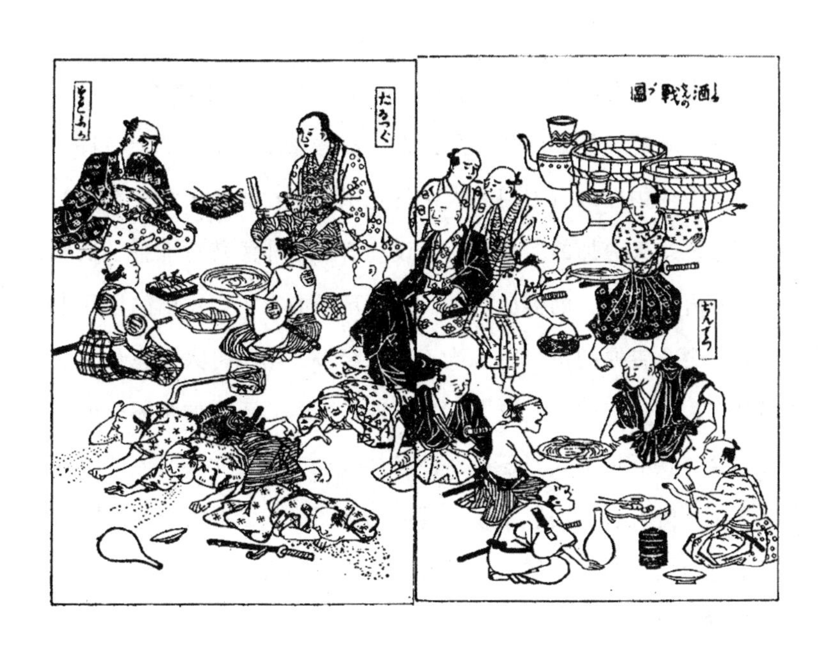

图35 《酒战图》。宾客分为两组斗酒的情形。(《近世奇迹考》)

当天，上户的大关[1]用医师的药箱盖子先准备一杯半酒，然后关胁[2]同样用黑碗装三十一杯酒，下户的大关则取出黑砂糖两斤、辣椒五合左右，关胁吃了大馒头七十二个和二八盛荞麦面二十八碗，其余人员都以此为标准。排序保证公允。

文中写作大食会，严格意义上来说是“大酒、大餐会”。

这个时期最受瞩目的大食会之一就是1815年十月二十一日千住宿一个叫中屋六右卫门的人庆祝花甲寿辰召集各大酒豪举办的大酒战。当天参加的人员过百，设宴者为了斗酒特意准备了从五合到三升大小不一的器皿六种。留下记录的有下野小山的佐兵卫七升五合，吉原的伊势屋言庆三升五合多，马喰町大阪屋长兵卫四升多，千住扫部宿的农夫市兵卫四升五合，千住的米屋松勘三升七合，饮酒量惊人。还有女性参加了这次酒宴，天满屋的美代女喝了一升五合后面色不改，菊屋的阿墨满饮二升五合酒，阿蔦喝了七合之后当场醉倒。可见女酒豪也不稀奇（《高阳斗饮》《后水鸟记》，1815，图36）。

---

[1] 大关，相扑力士的等级，是由“大关取”（意为冠军）一词简化而来，原本是江户时代力士的最高等级，明治年间被“横纲”取代，变为次于横纲的第二高阶称号。

[2] 关胁，次于横纲和大关的相扑等级。来源于“大关的胁从者”。

图36 《大酒战》。(《高阳斗饮》《后水鸟记》)

4. 江户的醉酒等级

现在日语里把微微感觉到一些醉意的状态称为“生醉”，但在江户时代醉得不成样子的状态才叫作“生醉”。《物类称呼》（1775）记载“在东日本酒后撒酒疯的人被称作生醉，也叫作醉鬼（よっぱらひと）。在大阪则称醉球（よたんぽ）”。关于生醉的句子还有很多：

> 酔はせるとは生酔の古句なり
>
> 大醉之人向来是，高呼尚能饮
>
> （古话说生醉的人总是说自己还能喝）
>
> 万句合　1771

越是喝醉的人越会声称自己没有醉。

> 酔いがさめるとうそをつく工夫なり
>
> 酒醒之后要施展，说谎的功夫
>
> （酒醒了之后要开始下功夫撒谎了）
>
> 万句合　1776

喝醉了以后不省人事，不知不觉中花了很多钱，早上回家已经想不起来醉酒前后的经过，需要好好想想找什么借口搪塞。

大生酔を生酔が世話をやき

醉鬼也分轻和重，相互有照应

（生醉的人照顾大生醉的人）

万句合　1777

同行的人都喝醉了，只好由醉得没那么严重的人照顾那个大醉的人。

小咄本[1]《夕凉新话集》（1776）之中收录了这样一个小故事：

三个人结伴出门饮酒，一个人醉得东倒西歪，另外两个人打算背着他把他送回家。结果途中衣带松了，酒醉之人就从衣服里滑落到了地上，他的两个朋友不知不觉中只把和服送回了他家。他的妻子看了斥责两个友人说："这天底下还有把人丢了的事情！"两人折返寻找醉酒的人，找到后又把光着身子的他送回了家。家里的太太对她官人的这种行为十分生气，两个友人指着醉酒的人说："虽然夫人您很生气，但是您已经很幸运了！把他丢了确实是我们的不对，但是您看您的官人没有被人捡走呢！"

这个笑话是在拿醉酒的人不合逻辑的行径取笑。

"生醉"也因程度不同而有所区别，分成不同等级。江户时代非常流行给身边的各种事物排名。排名的对象从歌舞伎的演员开始，到游女、学者、医生、相扑力士、美女、食物、餐馆等，几乎涵盖了所有领域，醉酒的程度也被纳入其中。

---

[1] 小咄本，江户时期盛行的短篇笑话集。

生醉也被称为“甚六”，醉酒的等级排名是以“甚六”为基准的。甚（ずぶ）六的“甚”，与ずぶぬれ（完全湿透）、ずぶの素人（完全外行）的“完全”是同样是完全、相当的意思。“六”是进行拟人化形容时使用的词语，如“我们家的宿六（主人）”和“总领的甚六（宠溺养大的长子）”之中的用法一样。甚六是形容醉得非常严重的人，也经常被简称为“甚”。有句云：

づぶになるともりで下戸を誘ふ也

深知自己要醉酒，特邀下户人

（知道自己要喝醉酒，所以特意邀请了不喝酒的人）

柳九　1773

醉酒的等级排名从“甚三”开始，醉得越厉害，数字越大。

づぶ三の頃が酒盛りをもしろし

甚三时觉宴饮之乐

（甚三的时候会感受到酒宴的乐趣）

柳九六　1827

づぶ六は寝るがづぶ五は手におへず

甚六睡倒，甚五动手

柳一〇一　1828

喝到甚三的程度还可以享受宴会的乐趣，喝到甚六倒头大睡也不算什么坏事，让人无可奈何的是还不到这个程度的甚五，这群人会打人、打架或者争吵。

づぶ七に成って生酔手におへず

甚七令人束手无策

柳一〇八　1829

到了甚七已经是生醉之中让人束手无策的程度了，再继续喝，到了甚十二的程度就要拿出双耳水盆了：

づぶ十弐それ雑巾よ耳盥

甚十二，请出毛巾和双耳水盆

柳一〇八　1829

双耳水盆是一种盥洗用的器皿，左右两侧各有一耳，多为漆器，用来漱口或者洗手。

江户人对人醉酒后的样子进行了极其细致的观察，对醉酒的程度做了分析。

用一口气喝酒也非常盛行，被称作“切青（见底）”或者“一口闷”。所谓“青”指的是筒形茶碗外侧上部一圈青色的线圈，酒要一口喝到能看到这条线的位置，“切青”指的是不断地斟酒，每口都喝到青线露出，就这样大口大口地喝下去的样子。

筒茶碗青切飲んでほふり出し

筒茶碗的青色线，饮后才可见

（喝到青色线圈显现出来）

俳谐集二一　1813

像诗文中写的那样，这个词经常用来描述喝闷酒。

“一口闷”也是指将碗里的酒一口气喝完，也经常指用又大又深的杯子喝酒。

八

居酒屋与绳暖帘

1. 还没挂上绳暖帘的居酒屋

如今提到居酒屋，大家就会想到绳暖帘，但是在江户时代，居酒屋本来是没有悬挂暖帘的习惯的。悬挂暖帘是在居酒屋诞生一段时间之后才开始的。

我们看绘本《叶樱姬卯月物语》（1814）之中描绘的居酒屋，店外摆放的展示柜上面悬挂着鱼和章鱼，柜子上的盘子里装着丰盛的菜肴。这家店把菜单上餐品的样品摆在店铺门口来招揽客人（图 37）。居酒屋在店铺门口这一显眼位置将鱼和鸡等肉类悬挂起来是很常见的，川柳里面经常有诗句吟咏这样的情形。

居酒見世首実検をして入り

抬头检视屋檐处，选择居酒屋

（抬头看居酒屋的屋檐上挂着什么，再进门）

万句合　1773

图37　挂着鱼和章鱼的居酒屋。柜子上还摆着装满菜的盘子。客人提着铫釐在饮酒。(《叶樱姬卯月物语》)

店头挂着鱼和鸡，客人可以一面品评着做选择，一面走入店中。这是1773年的诗句，说明居酒屋为了吸引客人在早期就已经将鸡鱼等食材挂起来展示了。

居酒屋の軒ゆで鮹の削り懸

煮章鱼制削木花，居酒屋外挂

（居酒屋挂的削木花是煮章鱼做的）

柳别篇中　1833

店内悬挂的章鱼看起来像是“削木花”一样。“削木花”指的是将柳树枝削作细条，做成茅草花样子的装饰物。当时有每家每户正月十五在门前悬挂削木花的习惯，以祛除邪气、招纳福气（图38）。章鱼煮了以后吊起来的形状与这种削木花很像。洒落本[1]《新吾左出放题盲牛》（1781）中有一个故事讲到，一个乡下人到了江户，看到居酒屋门口挂着的章鱼感叹“这是煮的爱染明王吧”。爱染明王全身赤红，三目六臂（六条手臂，算上两条腿共八肢），头戴狮子冠，看起来很像煮章鱼。比喻是江户时代非常盛行的语言习惯，这个笑话里也用了这样的语言游戏。在《敌讨莺酒屋》（1806）中，有一张展示了挂着章鱼的居酒屋图。看起来是一个乡下的居酒屋，章鱼的右面还挂了“弁庆”（图39）。

图38　削木花图。（《守贞谩稿》）

关于弁庆，《物类称呼》中有解释：“在关东用稻草卷成尺余长（30多厘米）的箭靶子，然后用绳子从中心处吊起来，做成用

---

[1] 洒落本，也被称为“蒟蒻本”，流行于江户中后期，是以游郭为舞台、多采用会话体的通俗小说。

图39　挂着章鱼和弁庆的居酒屋。店里放着草绳酒樽，左下方的灶上放着温酒的铜壶。(《敌讨莺酒屋》)

图40　挂着弁庆的居酒屋。这样的乡下居酒屋里也摆着草绳酒樽。(《复仇两士孝行》)

来放置烤鱼串的稻草卷。人们称之为弁庆。这是因为它的外观很像‘弁庆的七个道具’的样子吧。”正如文中所说，这种弁庆指的是用稻草卷起来扎成草束，然后再把烤鱼串起来扎在上面的样子，因为看起来很像武藏坊弁庆背着他的七个道具（武士在战场上会用到的七种刀具）的样子而得名。挂着弁庆的情形，经常可以在乡下的居酒屋看到，《复仇两士孝行》（1806）里面描绘的居酒屋，草绳酒樽的右侧就挂着弁庆。背上背着孩子的女人看起来像是这家店铺的主人，由这幅图可以感受到乡下居酒屋的氛围。

武阳隐士在他《世事见闻录》的《百姓之事》（1816）里写道：

> 从东海道开始，乡町的每一个码头、每一个海湾都有人停下笨拙的农事，开起当铺、居酒屋、浴场、梳头坊等。

可以看出到文化年间（1804—1818），乡下也出现了居酒屋。

2. 开始悬挂绳暖帘的居酒屋

起初，居酒屋在店铺门口悬挂商品是用来吸引目光、招揽客人的，不久，改挂绳暖帘的居酒屋出现了。

带插图的川柳集《种瓢》五集（1844—1848）里，出现了挂着绳暖帘的居酒屋（图41）。

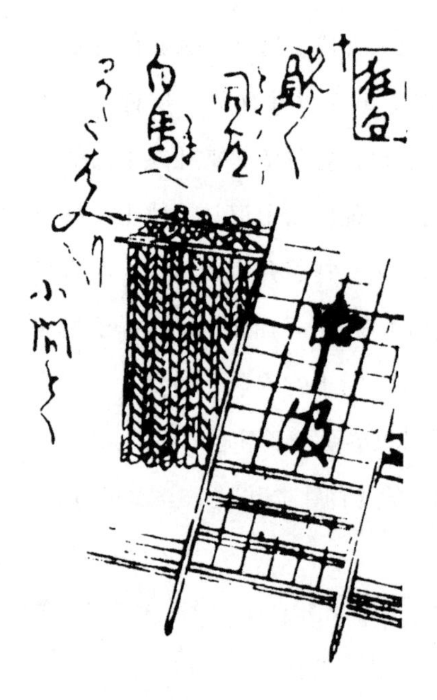

图41　挂着绳暖帘的居酒屋。（《种瓢》五集）

店铺里还立着写有“中汲”字样的屏风，图上题着“贫贫同道有白马，常往店中来”（貧々同道白馬はまたは入り）的狂句。中汲指的是将浊酒静止放置后，上层清澈的部分和底层沉淀物中间的酒水，是浊酒的一种。浊酒呈白色，所以也俗称为白马。中汲和浊酒一样是居酒屋里价格低廉的酒水，由此可知这个店铺也是居酒屋。

这个时期已经出现了悬挂绳暖帘的居酒屋，同时歌舞伎舞台上也采用了“居酒屋挂绳暖帘”的外观设计。1851年《升鲤泷白旗》（二世河竹新七的剧本）的《龟井户境町之场》初演时，主体舞台的正面就设置了悬挂绳暖帘的居酒屋。歌舞伎舞台上的店铺，要在结构上让观众一目了然，知道它表现的是什么地方，因此我们可以推断悬挂绳暖帘的居酒屋当时在街面上非常常见。

“居酒屋挂绳暖帘”这个常识在小说中也可以找到。绘本《小幡怪异雨古沼》（1859）就描绘了挂着绳暖帘的“居饮酒屋”（图42）。

图42　挂着绳暖帘的居酒屋。店外挂着酒林，店员从绳暖帘中间探出头。店里一群中间正在饮酒。（《小幡怪异雨古沼》）

这本书是当时非常流行的一种叫合卷的小说，所谓合卷，是为了让读者更有亲切感，在书内加入了反映当时世态人情的插图。

由歌舞伎和合卷里呈现的情形可知当时悬挂绳暖帘的居酒屋日益增多。

3. 绳暖帘成为居酒屋的标志

到18世纪后半叶，红豆汤屋、荞麦面馆、蒲烧鳗鱼店等都挂起了绳暖帘。特别是蒲烧鳗鱼店最常见。在山东京传所作的《早道节用守》（1789）和《唯心鬼打豆》（1792）里都出现了挂着绳暖帘的蒲烧鳗鱼店（图43、图44）。我们很难推断红豆汤屋和荞麦面馆为什么要挂绳暖帘，但是蒲烧鳗鱼店悬挂的理由很容易想明白。仔细看《唯心鬼打豆》可以看到，在蒲烧鳗鱼店门口有正在烤制的鳗鱼，水槽里面养着活鳗鱼，水槽上面放着一张案板用来处理鳗鱼。如图，江户时代的蒲烧鳗鱼店就是这样，在门口处理活鳗鱼然后烤制（一般情况下比这张图中显示的位置还要更加接近门口），让香气飘散开以招徕客人。使用绳暖帘既可以让香气更容易扩散到店外，也可以让路过的客人看见店内的情形，对蒲烧店来说是非常符合需求的。

在蒲烧鳗鱼店、荞麦面馆、红豆汤屋开始悬挂绳暖帘的同时，这么做的居酒屋也在增加，那么，为什么居酒屋会选择悬挂

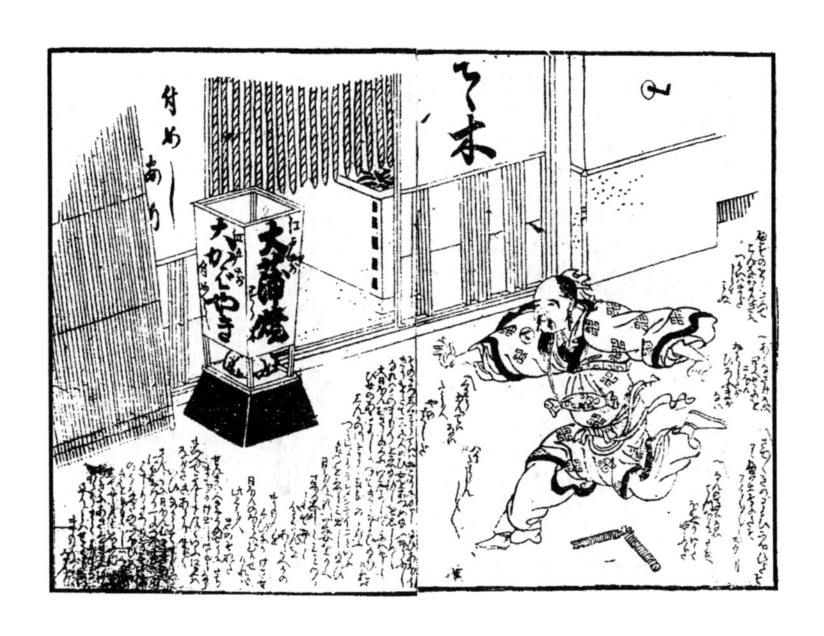

图43 挂着绳暖帘的蒲烧鳗鱼店。照片上写的是“江户前　大蒲烧　附米饭”。(《早道节用守》)

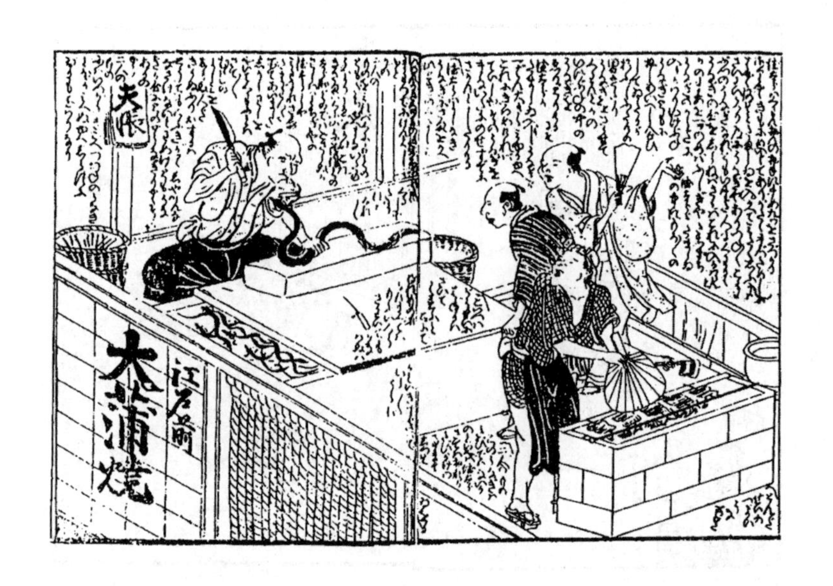

图44　这也是悬挂着绳暖帘的蒲烧鳗鱼店。屏风上写着“江户前　大蒲烧”。(《唯心鬼打豆》)

绳暖帘呢？

在入口处挂起鱼和鸡是为了吸引客人，但是生的鱼类和禽类很容易变质，特别是在夏天会散发出腐败的气味，反倒让客人敬而远之。悬挂绳暖帘的话就不会有这个问题，什么季节都可以悬挂。不仅如此，店里面烧烤和煮制食品的时候也可以让香气散发到外面，又可以防尘。因此逐渐有店铺不再悬挂鱼类和禽类，而挂起了绳暖帘。这种做法与居酒屋的氛围又十分契合，也许这就是众多店铺争相模仿的理由。

悬挂绳暖帘的居酒屋多了以后，居酒屋和绳暖帘就形成了固定搭配。蒲烧鳗鱼店也经常会挂绳暖帘，但是蒲烧鳗鱼店的商业标志是“江户前”。蒲烧鳗鱼店一般以东京湾（江户前）的鳗鱼为卖点，像《早道节用守》里面的插图表现的一样，很多店铺营业的时候都在门口立着“江户前”的招牌，因此一提到蒲烧鳗鱼店大家就会联想到“江户前”。挂绳暖帘的红豆汤屋和荞麦面馆没那么多。相对而言，挂绳暖帘的居酒屋非常普遍。

居酒屋的绝对数量也具有压倒性优势。所以随着挂绳暖帘的居酒屋一再增加，绳暖帘与居酒屋的搭配就形成了一种普遍印象，到了明治时代（1868—1912），绳暖帘几乎成了居酒屋的代名词。《东京风俗志》（1910）里面提到“店内可以喝酒的店铺被称作绳暖帘，因这类酒馆有在门口悬挂绳暖帘的习惯而得名”，书里还收录了挂着绳暖帘的居酒屋的插图（图45）。

图45　明治时代的居酒屋。客人掀开绳暖帘走进店内。店里有桌子和椅子，说明这个时期已经开始使用桌椅。(《东京风俗志》)

九

多样化的居酒屋

1. 中汲和一寸一杯的店铺

到了幕末时期，居酒屋开始多样化，逐渐出现了被称作中汲、一寸一杯、芋酒屋、立场居酒等类型的居酒屋。1852年，一张名为《江户五高升薰》的宣传单按照不同形态罗列了五家店铺名，其中就出现了中汲、一寸一杯和芋酒屋（图46）。

这里的中汲指的是销售浊酒中一种叫作中汲的便宜酒水的店铺。也就是说当时已经出现了以廉价酒为卖点的店铺。这五家店铺之中的三家，也作为中汲店铺被收录在1866年的《江户食物独案内》之中，所以可以推测以中汲为卖点的店铺是存续了很长时间的。在江户，“浊酒工匠世家”就有330家之多，这些人大概率就是中汲的货源了。

“一寸一杯”是一个到今天还会经常使用的词，有些店把这个词当作自己的广告语，实在很有意思。“一寸一杯”这一栏列

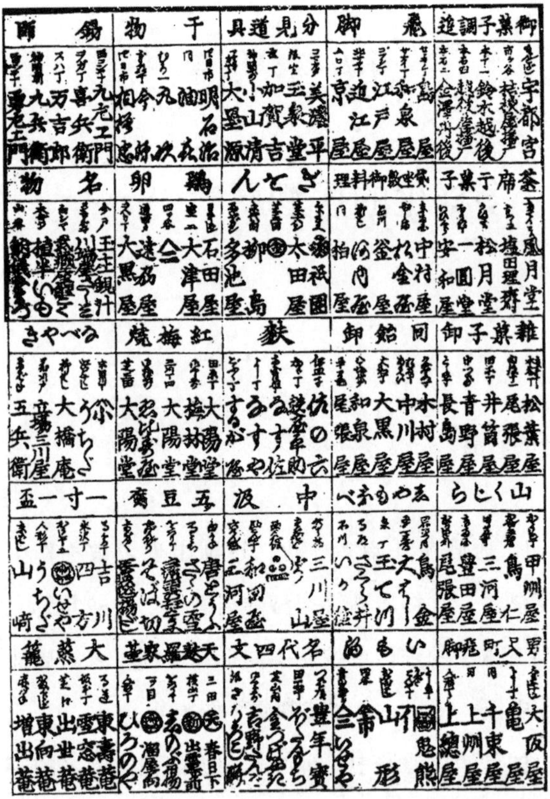

图46　每类店铺列举五家店铺名的《江户五高升薰》(局部)。可以看到中汲、一寸一杯和芋酒屋

举了“山崎”“四方”“内田”等店名，这些店铺都被《江户食物独案内》归到“一杯酒屋”这一类。这种店铺的卖点在客人“顺便去一下，轻轻松松地喝上一杯”，多是不设座位的小酒馆。

江户有“四方”和“内田”两大名店。“四方”位于米泽町(今中央区东日本桥二丁目)，卖的是名酒泷水(酿造地不明)，也兼营居酒屋业务。“内田”则是位于昌平桥外神田地区的酒铺，因为是伊丹名酒剑菱的总经销商而闻名。方外道人在他的《江户名物志》（1836）里曾经歌颂“内田屋酒店，位于昌平桥外内田之前，酒壶堆积如山，美酒如泉水”。这家店铺也兼营着居酒屋的业务（图47）。

图47 “和泉町 内田酒店之图”。店铺左侧是酒馆，右侧是正在营业的居酒屋。酒馆贴着绘有剑菱商标的木牌。(《浮世酒屋喜言上户》)

“一寸一杯”一栏中的“四方”和“内田”与上文这两处酒铺位置不同，所以指的是不同的店铺。这些小店与名店之间的关系我们不得而知，应该是为了给人店内可以喝到名酒的印象而使用了知名的酒铺名称吧。

2. 芋酒屋

有一种说法认为芋酒屋是卖芋酒[1]的酒馆，事实并非如此，其实芋酒屋指的是卖翻煮芋头的酒屋。翻煮芋头指的是将芋头煮干之后烹饪而成的食物。后面我们还会介绍，式亭三马的《七癖上户》（1810）提到居酒屋里有客人用“翻煮芋头”下酒。在文化年间（1804—1818），翻煮芋头常见于居酒屋的菜单，十返舍一九在其《杂司之谷纪行》（1821）的《酒店》一文中展示了翻煮芋头被装在盘子里端上来的情形（图48）。

不久以后以此为卖点的店铺开始出现，逐渐被称作芋酒屋。

《江户五高升薰》列举的五家芋酒屋里，特别有名的是亲父桥（自江户桥北侧照降町去往元吉原途中的一座桥）附近的一家芋酒屋，《江户久居计》（1861）对这家店铺内部的情形做了描写。《江户久居计》模仿《东海道中膝栗毛》，内容是两个人一起遍寻江户美食。

文中写到，两人一边念叨着“这就是传说中的芋酒屋啊”一边走入店内，喝酒的同时吃着盘子里的翻煮芋头（图49）。店里都是“统一穿着藏青色大褂的男店员”负责端菜上酒（《幕末百话》）。由此可见当时已经出现了需要店员穿制服的居酒屋。还有一张名为《新版御府内流行名物案内双六》（嘉永年间）的单页

[1] 芋酒，此处指将山芋（山药）磨粉搅拌加入酒中的做法。

图48　卖翻煮芋头的居酒屋。(《杂司之谷纪行》)

图49　芋酒屋里以翻煮芋头为下酒菜饮酒的两人。(《江户久居计》)

上刊载了“亲父桥　芋酒屋”的宣传图，图上以盘子装的翻煮芋头和酒壶代表这家店的特点（图50）。

图50　“亲父桥　芋酒屋”(《新版御府内流行名物案内双六》)

《绘本柳多留》(1858）的《芋酒屋》里也画了一个坐在空的酒樽上面边吃盘子里的翻煮芋头边喝酒的男人（图51）。

这是一个并不常见的场景。虽然今天出版的书籍上经常有江户时代的居酒屋客人坐在空酒樽上喝酒的情形，但是事实并非如此，当时居酒屋的客人多是坐在长凳或者是榻榻米上喝酒的。

在丰岛屋的例子里我们也可以看到，空酒樽是可以回收、具有商品价值的。江户时代有专门进行空酒樽买卖的店铺“明樽问屋”，从业者会收购空酒樽卖给酿造酒水和酱油的厂家。

图51　芋酒屋。题字为“助长牢骚的芋酒屋”(《绘本柳多留》)

《江户买物独案内》（1824）上面罗列了48家“明樽问屋”的店名（图52）。

幕末时代，虽然还不是很普遍，但已经有店家把空酒樽当凳子用了。空酒樽的这种使用方法到了明治时代变得司空见惯。

1853年发行的《细撰记》的《矢太神屋弥太》一文给26家店铺做了排名。从矢太神屋这个名字我们可以判断这里列举的都是居酒屋，其中包括《江户五高升薰》里出现的“一寸一杯”和“芋酒屋”。店名的下面还写着“热酒、秃、汤豆腐、凉拌鱼肉、味噌烤鱼、日式杂根煮、鲱鱼子、芋头、关东煮、盐烤沙丁鱼、遣手铫釐”（ごくあつかん　かふろ　ゆどうふ　ぬた　魚でん　にしめ　かづのこ　をいも　おでん　いわししほやき　やりてちろり）的菜单，可以看出这些居酒屋提供了上述餐品（图53）。此外，这本《细撰记》是模仿吉原记录游女屋和游女名字的导览手册所写的，所以菜单上除了菜品以外，还出现了秃（かふろ，也写作かぶろ）和遣手（やりて）。秃指跟随高级妓女学习的少女，遣手则指老鸨。

3. 立场居酒

《江户五高升薰》里面还记载了一家名为“立场”的居酒屋。这里的立场，是指街道上宿驿之间供客人短暂休息的休息区，这

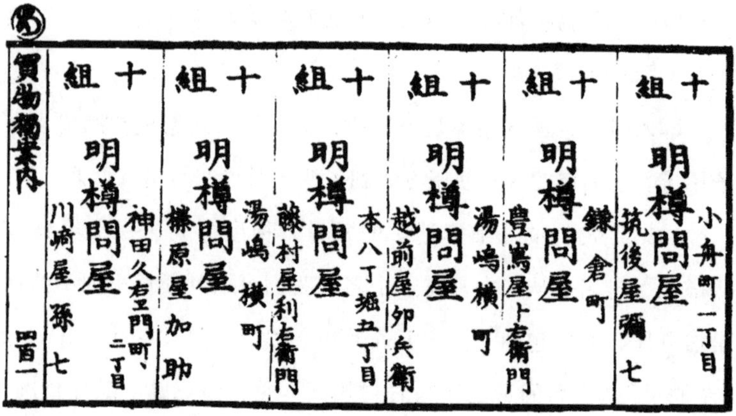

買物獨案内　　四百一

十組　明樽問屋　小舟町二丁目　筑後屋彌七

十組　明樽問屋　鎌倉町　豊嶋屋卜右衛門

十組　明樽問屋　湯嶋横町　越前屋夘兵衛

十組　明樽問屋　本八丁堀五丁目　藤村屋利右衛門

十組　明樽問屋　湯嶋横町　榊原屋加助

十組　明樽問屋　神田久右衛門町二丁目　川崎屋弥七

图52 “明樽问屋”的部分。丰岛屋也是经营空酒樽买卖的店铺。(《江户买物独案内》)

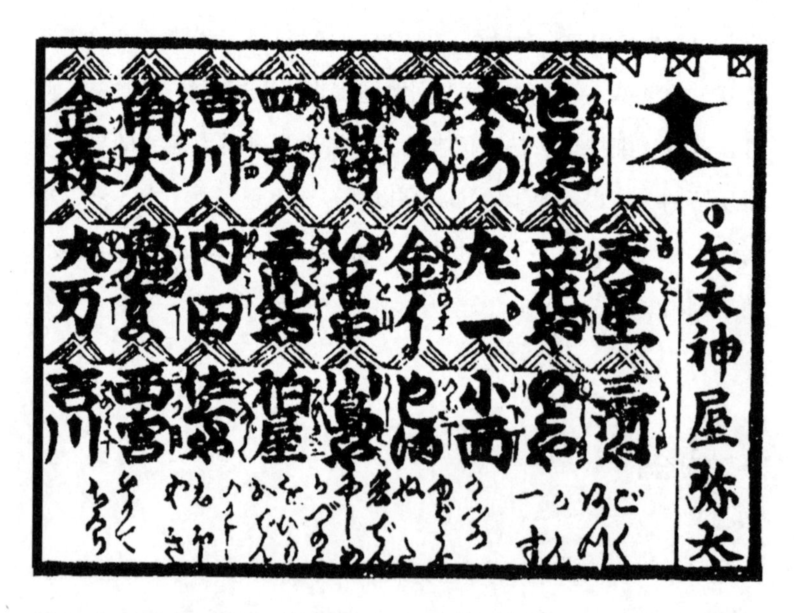

图53　26家居酒屋排行。(《细撰记・矢太神屋弥太》)

样的地方也出现了可以饮酒的居酒屋。但是到了临近幕末的时代，与以往的立场居酒完全不同的居酒屋出现了。《细撰记》里，除了《矢太神屋弥太》，还有一类名为“手狩屋吞九郎”（てかるや吞九郎）的居酒屋，其暖帘上出现了“立场”二字。从名字来看这应该就是一家居酒屋，但是又与一般的大众居酒屋有着细微的差别。

这里罗列了13家居酒屋的店名，店名的下面展示了各家的菜单，里面有“秃、蚬贝汤、豆腐渣，各种下酒菜、遣手、漆板”（图54）。

正如菜单上所写的“各种下酒菜”一样，这家居酒屋似乎提供了很丰富的菜品。《北雪美谈时代加贺见》第二十八篇（1863）里描绘了一家屏风上写着“饭食立场”的煮卖酒馆的内部情形。店内布置非常精心，厨师在操作台后面切生鱼片。厨师的身后排列着名酒的酒樽，店内还有结款台（图55）。《江户久居计》描绘了“立场酒屋鲤屋”的外观，店铺非常豪华。不过这家店在餐饮店广告集《江户名物酒饭手引草》（1848）中被收录在“料理屋”的类别里（图56）。

与“矢太神屋”这种大众居酒屋不同的高端居酒屋出现了。

在江户时代的饭馆里，厨师一般会在桌子之间搭上砧板，跪坐在砧板前面切生鱼片，采取坐式服务（松下幸子《江户料理读本》，筑摩学艺文库）。但是在居酒屋，一般厨师如图55所示站着处理生鱼片。我们可以认为居酒屋厨师一般都是站在地上处理料理的。

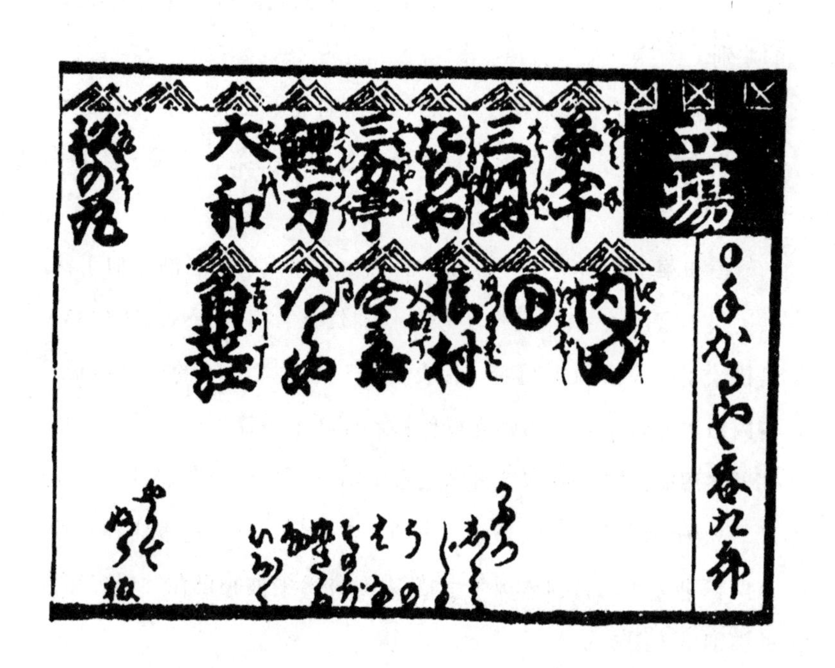

图54　暖帘上写有“立场”字样的手狩屋吞九郎。(《细撰记》)

图55　写着“饭食立场”的居酒屋。(《北雪美谈时代加贺见》第二十八篇)

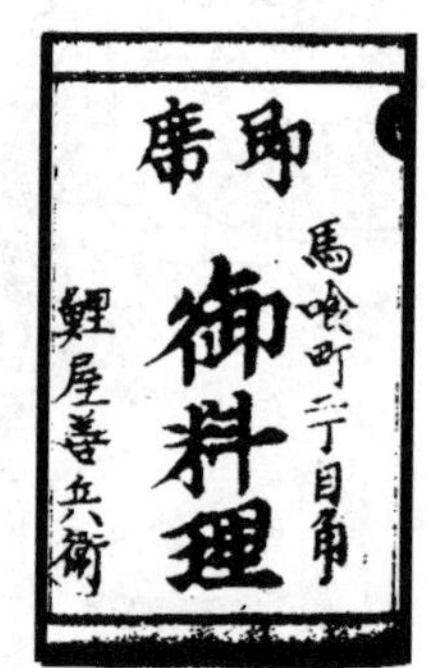

图56 “立场酒屋鲤屋”(《江户久居记》)和“鲤屋”的广告。《江户名物酒饭手引草》上写着“即席　马喰町二丁目角　御料理　鲤屋善兵卫”

4. 三分亭

“手狩屋吞九郎”一项里面能看到“葺屋町三分亭”的名字。《守贞谩稿》里收录了1849年的流行事物，其中就有三分亭。书中将三分亭作为一种流行现象做了解释：“三分亭料理，乃是葺屋町新道附近一种每道菜标价三分银的餐馆。之后这类餐馆逐渐在各处出现，都名为三分亭。”

上文意思是三分亭这种饭馆最早在葺屋町开店，因为这家店成了非常有人气的馆子，所以遍地开花，出现了很多名为三分亭的餐馆。记录江户风俗的《拾遗》（天保末年）对三分亭是这样记载的：

> 各地均出现了三分亭。店内装饰豪华，所用之餐具绝无鄙陋之物。各类菜品一律标价三分银，可尽情在店内享用。生鱼片、烧烤、椀物[1]等。与其他店铺相较，极其价廉。

三分亭的三分，就是三分银（一分是一匁的十分之一）的意思，三分银大约是三十文钱左右。三分亭店内的装修和器皿十分考究，餐品齐全，每道菜只要三十文。这种定价策略获得了商业上的成功。

---

[1] 椀物（わんもの），指所有用碗盛的料理，不仅包括汤类，还包括煮菜等。

《咲替蕣日记》初篇（1850）里面有描绘了三分亭的插图。只见门口处摆着鱼，这些鱼是用来招揽顾客的。座位周围十分干净，堂内有女店员服侍。这都是居酒屋里很难见到的情形（图57）。《北雪美谈时代加贺见》记录的立场居酒屋中服务员是男性，这里则是女性。三分亭也是“手狩屋吞九郎”之一，所以当然也属于主要提供酒水的居酒屋，但是在《守贞谩稿》和《拾遗》里被归到饭馆类别，所以也能定性为餐饮类里的饭馆，可以说是比立场酒屋高一级别的居酒屋。

像三分亭这样统一定价的店铺诞生的背景是江户时代日本非常流行统一定价这种商业手法。

文化年间曾经出现过专门在路边出小摊，食物全部以四文钱（四文硬币一枚）的价格兜售的四文屋（图58），1809年的时候还流行过一种三十八文店。

《式亭杂记》（1810—1811）中记载：

> 从去年（1809）岁末到今年春天，出现了很多三十八文店的商业铺面。很多小物什儿被摆在露天的摊位上，价格统一是三十八文。

四辻地区桥两侧等地有摊贩将席子铺开，上面摆满各种日用品，价格一律三十八文。这就是今天百元店的先驱了。此外，可以花十二文钱吃茶泡饭的“十二文茶渍”店铺也随处可见。

图57　三分亭。入口处摆着鱼，案板上面放着鱼。店内装修高档，女店员在提供服务。(《咲替蕣日记》初篇)

图58　四文屋。(《近世匠人尽绘词》)

嘉永年间（1848—1854），在“中汲”“一寸一杯”这种非常独特的店铺出现的同时，还出现了“立场”和“三分亭”这种在格调上做了提升的高端居酒屋。

幕末时期出现了各种各样的居酒屋，与此同时卖日式火锅的锅物屋也出现了。

十

锅物屋的出现

1. 从锅烧到一人份小锅

从奈良时代（710—794）开始，锅便作为煮制食物和汤品的烹饪器具被使用，但是一直都没有被当成餐具。到了江户时代（1603—1868），锅开始作为餐具被使用起来，人们将鸡、鱼以及蔬菜放在锅内煮熟，然后直接端上桌，称为锅烧。《俚言集览》（1797年前后）里记载：

> 锅烧，是将切好的鸭肉、雁肉以及水芹、茨菰、面筋、鱼糕、莲藕等放入锅里，加上酱油汤在薄锅里面煮制后食用的餐品。

料理类书籍里很早就记录了锅烧的烹饪方法，《江户料理集》（1674）里就介绍了用锅煮好后直接上桌的五种料理——豆腐锅、盐锅、煎鸡、治部锅和煎烤（料理ふわふわ、なべこく塩、煎鳥、じぶ、煎焼）。

不久，锅烧就发展成在同一个锅里面煮制食物，两个人或者少数几个人一起享用的小火锅（小鍋立）形式。

在讲究身份等级的江户时代，社会各种场合都要按照人的身份等级进行区分对待。餐饮也是如此，当时一般采用分餐制，人员座次要按照身份等级来安排。日常在家中也是一样，须每人一份食物，每个人在家族之中的坐席也是固定的（图59）。在这样的社会环境下，几个人围着一个小火锅用餐是对既有就餐方式进行的划时代的改变。小火锅作为一种可以表达亲密的就餐方式，最早是在烟花场所出现的。

> 小鍋立紋所の有さほ（棹）をいれ
>
> 筷子袋上有家徽，共享小火锅
>
> （拿着袋上印有家徽的筷子吃小火锅）
>
> 万句合　1763

在吉原游郭[1]，有些店铺会为一些熟客准备印有其家徽的筷子袋来取悦他们。这首俳谐吟咏的就是客人和游女一起享用小火锅的情形。

---

[1] 游郭，妓院聚集区，吉原游郭是江户幕府公认的游郭，原本在日本桥附近（今日本桥人形町），明历大火之后搬到浅草寺后面的日本堤，被称为新吉原。

图59　正在就餐的一个家庭。家族之中的座位都是固定的。图上的文字是“手端碗筷，感恩天地，感恩主人，感恩父母”。(《御代恩泽》，江户后期)

图60　吉原的小火锅。(《时花兮鸚茶曾我》)

《时花兮鸚茶曾我》(1780)里对这样的场景做了描绘(图60)。

当时的小火锅是用酱油和鲣鱼干进行调味的，因此会有“在(吉原的)菜单里，酱油一小壶、鲣鱼干一根然后与油炸过的青菜一起放到砂锅里煮制”(《晚霞》，1764—1771)的记载。

风来山人(平贺源内)在《根无草后篇》(1769)中写道：“浮萍之事，乃是浴罢后，伴着雪景共享火锅。”大田南畝在《麓之色》(1768)之中也写道：“与熟客共飨，筷子袋上写上客人的名字，居续次日共食小火锅，总是格外有意趣。”居续是指在风月场所长住的意思，也被称为“留宿”(图61)。遇到雪天，留宿的客人会很多，这样一来，客人和游女一起吃小火锅就流行了起来。

图61　留宿。图中文字是“时雪之夜留宿后，朝阳照初雪”。(《种瓢》六集，1844)

还有一本以青楼（吉原游郭）小火锅为名的洒落本《青楼小锅立》（1802），里面提到“将吃剩的美味食物收集起来做小火锅”，烹饪剩菜也好吃是小火锅的魅力之一。

2. 小火锅的流行

大田南畝在《一话一言》第四十一卷（1817）中写道：“从安永时代开始，以前的砂锅逐渐被淘汰，出现了一种较浅、尺寸较小的铁锅。”讲到安永年间（1772—1781）出现的比较浅的小火锅取代了砂锅，小火锅因此广泛流行起来。

小鍋だてにへ切らぬ内みんな喰
小锅煮罢未多时，众人争相食
（小火锅一上桌大家就开始吃）

川傍柳一　1780

なまにゑな内になくなる小鍋立て
尚未煮罢便清锅，味美诱食客
（锅里的菜还没煮好就被吃光）

万句合　1780

小鍋だてうたたねをして喰はぐり

小憩片刻后，美味火锅已净空

武玉川二三　1787

这几首讲的都是大家争相享用小火锅的场景。这已经不是只能在风月场所见到的景象了。小火锅亦进入家庭，男士们一起吃小火锅（图62），恩爱的夫妇一起吃小火锅（图63），还有男女情人一边饮酒一边吃小火锅（图64）。所有的小火锅看起来都是铸造的铁锅。

图62　家庭里面男性一起吃小火锅。（《品川杨枝》，1799）

图63　夫妇非常和睦地一起吃小火锅。(《串戏集》，1806)

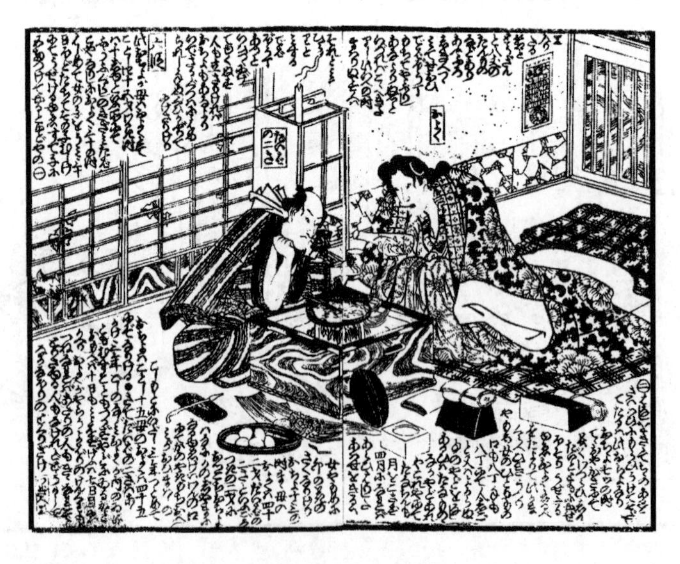

图64　情人一边饮酒一边吃小火锅。(《教草女房形气》九篇，1850)

随着小火锅的流行，出现了很多用吃火锅来表现人际亲密程度的句子，例如“能一起吃一锅食物的人”（《浮世风吕》四篇，1813）和“以前在同一个锅里吃饭”（《花筐》，1841）等。

在江户时代小火锅最多也就是两三个人分享，一家子围着一个锅一起吃团圆饭的情形要到明治时代卓袱台[1]普及以后才能看到。

3. 禽肉锅店的登场

（1）雁肉锅

不久，小火锅走出了家庭，走进了餐馆的菜单。其中最具有代表性的就是禽类肉制品的小火锅，到了江户后期出现了卖雁肉锅、军鸡（斗鸡）锅、兽锅的店。

日本人受佛教的影响，以前并不怎么吃兽类和禽类的肉制品，但是野禽很受欢迎。到了江户时代，鸡肉开始成为食材，不过在江户初期人们还是吃野禽多过鸡肉。

居酒屋很早就将禽类的肉食加入菜单里，入口处会悬挂着大雁或者野鸭。

[1] 卓袱台（ちゃぶ台），指和式房间里使用的矮脚餐桌，也写作茶部台、茶袱台等。

煮売見世身の無い雁や鴨が飛び

无头野雁与野鸭，飞入居酒屋

（居酒屋里挂着待烹饪的野雁和野鸭）

柳一二　1777

巻わらの雁をにうりや的にかけ

弁庆之上雁来停，正是居酒屋

（草绳卷上扎着野雁）

柳四九　1810

在居酒屋的菜单上常可看到“鸭高汤”或者“葱段鸡肉砂锅”等，可知居酒屋一般是将禽类做成高汤或者锅煮物的，到了幕末时期，一些店铺将禽肉做成小火锅出售，还有因此闻名的店铺。上野山下的雁肉锅就是其中之一，《琴声美人录》七篇（1851）里面有一张图描绘了雁肉锅店铺二层客人就餐的情形。图左上的文字里写着“赴鹤龟葬礼归来，登雁锅二楼，二人一同就餐饮酒”（图65）。曾任幕府医官的喜多村香城在他的随笔《五月雨草纸》（1868）中写“山下雁锅屋，专营一道雁味”，记录的似乎是一家专售雁肉锅的店铺，《花历八笑人》五篇（1849）里记录“每人出一百文，移步雁肉锅店，四五个五合的德利酒壶，喝得东倒西歪”。可见雁肉锅店也提供其他菜品。

雁肉锅一度非常流行，纪州藩的武士酒井伴四郎在江户居

图65　雁肉锅店的二层。客人正在吃小火锅。有人在喝酒，有人是带着家人一起来的。(《琴声美人录》七篇）

留期间的日记《江户江发足日记帐》“1860年十一月八日”就有记录：

> 晴，今天是酉待鹫大明神的祭典，故而邀请了佐津川源九郎和叔父，三人一起出行。先在上野买了烟袋，之后去了有名的雁肉锅店门口等位，客人之多惊人，无处可坐，分开坐了一会儿，在店里喝了五合酒之后出来，一起去鹫大明神参拜……

酉待是每年十一月酉日在浅草鹫神社举行的祭典，也被称为酉市，祭典上会卖“熊手”[1]、八头芋等吉祥物，人员混杂。在这样特殊的日子里他们去雁肉锅店当然会遇到非常多的客人。可能平时不一定这样，但我们可以一窥雁肉锅店的火爆程度。可惜这样火爆的雁肉锅店在1906年关店了。《月刊食道乐》（1906年八月刊）里面记载：

> 雁肉锅曾是标志性美食之一，位于山下的雁肉锅店甚至一度被写进洒落本里。但是这家店现在已经不见往昔的繁华，特别是因为房产的纠纷与世界牛肉店进行了三年之久的官司耗费了它大量的人员精力和费用，使之逐渐衰落成今天的样子。据说这家店后续会由世界牛肉店继承改为牛肉店铺。

---

[1] 熊手，竹耙形农具，后来被赋予收集幸运和金运的意思，成为祈求幸福的吉祥物。

正如“随着肉食的流行，禽肉锅逐渐被猪肉锅以及牛肉锅所取代”（《月刊食道菜》明1907年四月刊）所说，从幕末到明治，餐饮风潮从禽肉锅的时代过渡到了牛肉锅的时代，雁肉锅的身影也就消失在时代的洪流里了。

（2）军鸡锅、黄鸡锅

在江户时代人们喜欢吃野禽，但是随着肆意的捕杀，野味逐渐难觅。到八代将军吉宗时期，1718年七月幕府颁布禁令，此后三年禁止用鹤、天鹅、雁、野鸭作为礼品或者食材，还将江户地区的卖鸡肉料理的店限定在十家以内。(《御触书宽保集成》一一三四)

野禽的减少导致对鸡的需求增加，食用鸡肉逐渐普及。吉备津神社（冈山市）的宫司藤井高尚在他的书中对这样的趋势愤怒地评论：“当今世人皆食鸡肉，想起来便觉得污浊不堪，这是非常不好的。”(《松之落叶》，1829)

文政年间（1818—1830）居酒屋已经使用鸡肉作为食材，并把鸡的羽毛悬挂在屋檐下。

> 鳥の羽衣居酒屋の軒へ下げ
>
> 居酒屋之屋檐下，悬挂鸡羽毛
>
> （居酒屋把鸟类的羽毛挂在屋檐下）
>
> 柳八十一　1824

杉の葉はなくて軒端にかしわの羽

杉叶已经无处觅，檐下挂鸡毛

（居酒屋挂的不是杉树的叶子，而是鸡毛）

柳八十三　1825

江户街市上还出现了军鸡锅。《守贞谩稿》里面对“鸡肉”记述道：“食用鸭类及鸟类的行为已经很寻常。虽说如此，但是文化年间以来，关西地区开始普遍将一种叫作黄鸡的禽类放入葱锅中烹饪，江户地区则是用同样的方法烹饪一种叫作军鸡的禽类售卖。”可知军鸡是和葱一起制作的。

幕末、明治前期的歌舞伎剧本作者河竹默阿弥的作品里大量地出现了军鸡锅屋。在以只偷盗大名宅邸而被称为义贼的鼠小僧次郎吉为原型的《鼠小纹东君新形》（1857年首演）里，抢了次郎吉钱财的男人说“我们拿您的这些钱去军鸡锅店喝一杯”，另外以少爷吉三、小姐吉三、和尚吉三这三个易名盗贼为主人公的《三人吉三廓初买》（1860年首演）里也出现了名为“军鸡文”的店铺，描述了在军鸡锅店修行的堂守（寺院值班人员）为做军鸡锅而去买葱和军鸡的情形。

长谷川时雨在他的《旧闻日本桥》（1983）里收录了他的父亲长谷川深造描绘幕末到明治维新时期江户样貌的画作（《实见画录》），其中有一张是《住持的军鸡店和兽肉屋》（图66）。

住持的军鸡店（日文音似“和尚的意志”）是位于东两国回向院

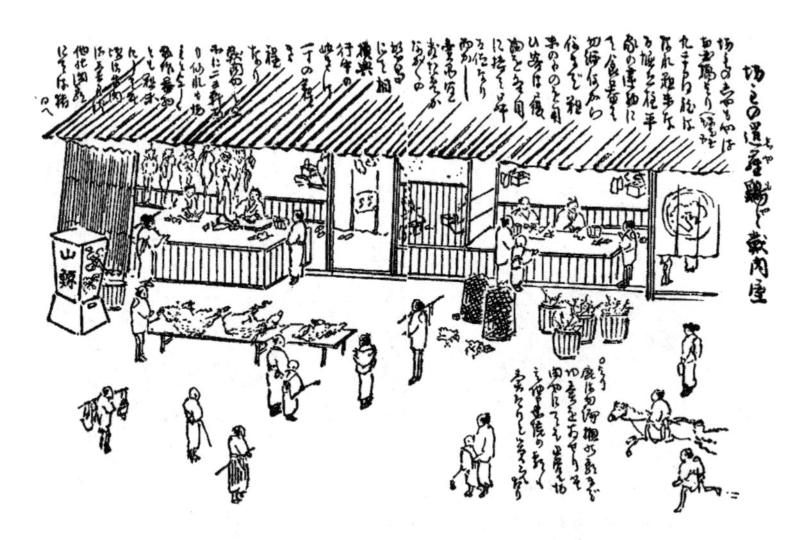

图66　住持的军鸡店和兽肉屋。右侧的住持被军鸡店前面的鸟笼围着，左侧的兽肉屋悬挂着兽肉，外面竖立着“山鲸”的看板，店铺前面摆着兽肉。(《旧闻日本桥》)

正门附近的一家店，现在依然在原址（今墨田区两国一丁目）营业。

此时还出现了把黄鸡锅作为招牌菜的店铺。黄鸡是一种羽毛呈茶褐色的日本鸡类，但是在小野兰山的《本草纲目启蒙》(1803—1806）里定义说“普通人家饲养的食用鸡类称为家鸡。现在又称为地鸡或者黄鸡”，可见文化年间黄鸡也被作为鸡的别称使用。

《黄金水大尽杯》八篇（1858）里描绘了一个商人之子摆脱了严格的约束，吃着黄鸡锅饮酒的场景。店内立着写有“黄鸡锅”的屏风。文中写到“走入煮卖酒馆，火锅配一合酒，等待的时候客人盘起一条腿，半脱了和服用茶碗喝酒”(图67)。

图67　卖黄鸡锅的煮卖酒馆。客人在就着黄鸡锅喝酒。(《黄金水大尽杯》八篇)

酒井伴四郎在1860年九月十八日这一天记录道：

> 去京桥前面的一家黄鸡锅店吃饭，不一会儿黄鸡被端上来，鸡肉极硬，而且还有腐烂的迹象，一点油星都看不到，这食物一点诚意都没有，吃了一口就退回去了，换成了蛤蜊锅，然后喝了一杯。

可以推测江户时代的鸡肉肉质比较硬，是不适合做烤鸡肉串的，居酒屋和禽肉锅店的菜单上也看不到烤串。最适宜的吃法还是煮火锅。

4. 兽锅屋的出现

（1）药膳与兽肉屋

江户时代的人们认为吃兽肉会让人积累污浊之气，因此对食肉感到厌恶。但是在药膳的名义之下还是有人会吃。俳谐岁时记《滑稽杂谈》（1713）将“药膳”作为冬季的季语收录：“日本风俗讲究入寒以后的三日、七日或者三十日之间，按需求和效用食用鹿肉、野猪或兔、牛肉等，称为药膳。”可见为了寒季（立春前的三十天内）摄入热量和补充营养，江户时代的人会以药膳的名义食用鹿肉、野猪肉等肉类。

在江户西郊的四谷御门外很早就有专门卖药膳动物肉品的市场。宝井其角编著的《类柑子》（1707）里记录：

> 以前四谷驿站附近有猎人的市场，猎人猎得野猪、野鹿、羚羊、斑羚、兔子之类的野味带到市场来售卖，有的人还会将猴肉腌制好，同鱼和禽类的肉一起售卖。

四谷连着甲州街道，后者经由新宿一直穿过八王子、甲府方向，所以对那些在武州、甲州的山里捕获了禽类和兽类、牵着马出来兜售的猎人来说，四谷是最好不过的售卖位置。

之后，在四谷旁边的麹町出现了卖兽肉的固定店铺。《江户砂子》（1732）里提到“此间（平河天满宫）的北侧有市民经营的兽肉专卖集市，寒冬季节甚为热闹”，《江户名物鹿子》（1733）里面也有句云“麹町聚集猿与兔，最终奔赴斗笠钵”（麹町兽，笠ほこに所望所望や猿うさぎ）（图68）。

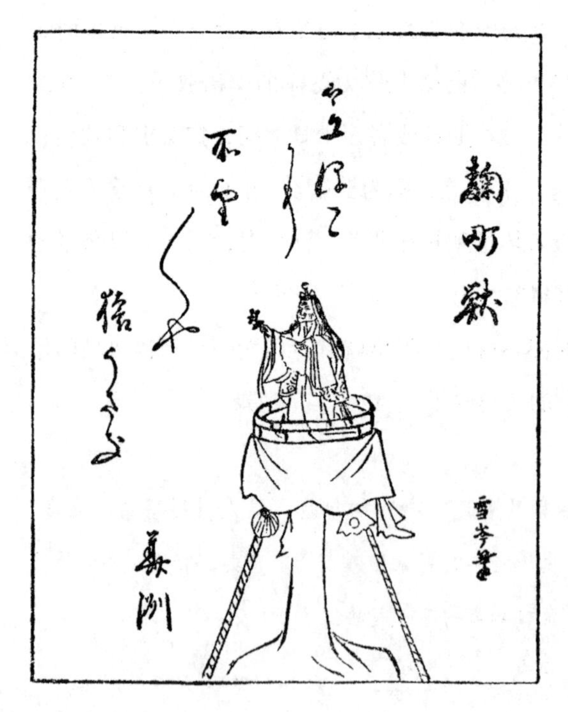

图68 《麹町兽》。（《江户名物鹿子》）

《江户砂子》的增补版本《再校江户砂子》(1772)里提到“兽店位于平河三丁目，每年冬始售兽肉至次年春”，这里场所具体到了平河三丁目。售卖兽类肉品的店铺被简称为“兽店”。兽店集中在麹町平河三丁目，因此这一带在俚语里也经常被称为“兽店”，在川柳里麹町也会被称为兽店。

おつかない断ち売りをする麹町

麹町兽店寻常见，以肉块售卖

(在麹町，卖兽肉的小贩将肉切开销售的恐怖画面很常见)

万句合　1769

狩猟ほどぶつつんで置く麹町

猎人猎物积如山，麹町兽肉市

(麹町猎人捕获的动物堆积起来)

万句合　1777

兽店为了让客人更能放松心态购买兽肉，会给各类肉起别称。

おそろしく馬にぼたんともみぢ付け

马驮牡丹与红叶，实为骇人物

（马背上背的牡丹其实是很可怕的东西）

万句合　1772

牡丹指的是野猪肉，红叶指的是鹿肉，它们都被放到马背上运送，这就是这俳句吟唱的情形。肉在当时读作“しし”（shishi），野猪和狮子都是此读音，再加上“牡丹配唐狮子，竹子配猛虎”（牡丹に唐獅子、竹に虎，比喻陪衬得体）这句佛语的缘故，野猪肉又被称为牡丹。又因为古代和歌“山中红叶远，鹿鸣秋愁起”（奥山に　紅葉ふみわけ鳴く鹿のこゑきく時ぞ　秋はかなしき，《古今和歌集》），所以鹿肉又被称为红叶。

けだものや大和ことばに書いて置き

野兽之肉甚粗鄙，改用大和语[1]

（因为兽类肉制品太不堪了，所以用大和语言替代）

万句合　1776

店家销售时将野猪肉写作牡丹，鹿肉写作红叶，都是用日本语言进行美化。

当时吃药膳，人们一般都把兽肉买回家烹饪。

[1] 大和语，日文为“大和言葉”，是日语词汇来源的一类，指相对于汉语和其他外来语的日本原本使用的固有词汇。

真那板や四つ足動くひ

砧板之上四足动，下厨做药膳

（砧板上四足动）

江户弁庆　1680

包丁をさびしく遣ふくすり喰

厨房刀具久不动，今为药膳用

（许久没有用菜刀了，今天为了做药膳取了出来）

武玉川十　1756

薬喰人目も草もかれてから

待到人草皆枯槁，药膳慢慢才做成

（只有到了人和草都睡着了的时候才能吃药膳）

柳多留拾遗　1761

要么就在别人鄙视的目光中挥动菜刀，要么就等到外人都睡了才食用。即便如此依然会有：

くすり喰して人に嫌はれ

暗自独自食药膳，亦会惹人厌

（吃药膳的人招人厌恶）

武玉川十一　1757

約束し女房の留守にかうじ町

相商留妻在家中，独自赴麹町

（跟妻子约好把她留在家中，独自去麹町）

万句合　1759

御隠居は嫁のいやがるくすり喰

食用药膳惹妻厌，一人独自居

（吃药膳被妻子讨厌，一个人去隐居）

万句合　1764

女房はきせるも貸さぬくすり喰い

妇人厌我吃药膳，不予我衣衫

（妻子嫌我去吃药膳，不给我递衣服）

万句合　1766

箸紙の夫婦別有る薬喰

夫妇箸纸两分开，只因食药膳

（因为我吃药膳，家里夫妻的筷子袋都要分开）

武玉川十八　1776

可见药膳会招致家人和周围人的厌恶，让人不快。

薬喰相手がなくてむざん也

无人陪伴吃药膳，郁郁难开颜

（没人陪我吃药膳觉得很不开心）

武玉川十五　1761

因为没有人会一起相约去吃药膳，所以当时人们吃兽肉的习惯还仅限在家中。

（2）兽肉屋的出现与发展

在这样的状况下，提供兽肉药膳的兽肉屋出现了。1778年的洒落本《一事千金》提到，“秋季就是要用鹿肉搭配野猪肉汤吃。逐渐地，世人也习惯了”。可以看出人们对兽肉的厌恶态度发生了变化，出现了用兽肉做汤的店铺。

《书杂春锦手》（1788）的插图描绘了一家屏风上写着“牡丹、红叶、汤类，一膳十六文”的兽肉屋（图69）。野猪肉和鹿肉做的汤卖十六文，当时的茶泡饭餐馆里卖的茶泡饭是十二文、荞麦面一碗是十六文，可知兽肉汤是在同等价位。

《忠臣藏即席料理》（1794）里面描绘的兽肉屋，看板上写着“红叶汤 牡丹”的字样，还加上了红叶和牡丹的图案（图70）。也就是说出现了用这样的图来宣传兽肉的店铺。

食用兽肉逐渐普及，《神代余波》（1847）中记载：

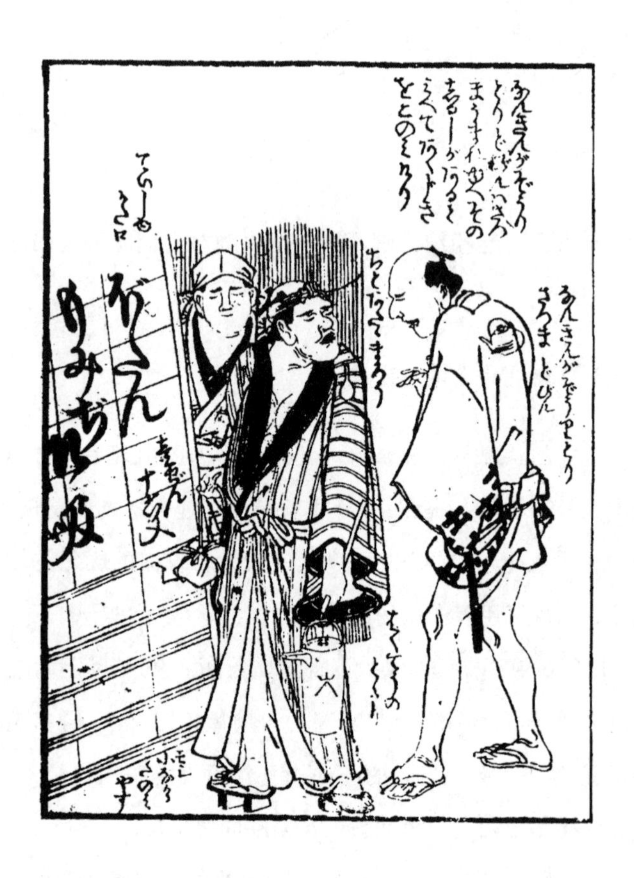

图69　兽肉屋。从店里面走出来的男人左手提着铫釐，右手拿着包着兽肉的纸包。右侧穿得像仆役的男人正要走进名叫“歇脚暖身”的店铺。(《书杂春锦手》)

图70　招牌上画着牡丹和红叶的兽肉屋。(《忠臣藏即席料理》)

明和、安永年间食用野猪和鹿肉的人甚少。位卑之人即便暗自食用也不会道于外人，自觉羞耻。自天明、宽政年间起，上流人士终于开始食用，如今已以食之为傲。

可见从明和、安永年间（1764—1781）到天明、宽政年间（1781—1801）再到近现代（1847），随着时代的变化人们对待吃兽肉的态度也发生了转变。

其间，兽肉屋的数量增加，达到了“最近在江户的街市上，毫无遮掩地烹饪肉类售卖的店铺，四处可见”（《嘤嘤笔语》，1842）的程度。不过，这个时期兽肉屋采取的是季节性（冬季）营业模式，尾张藩士的江户见闻记《江户见草》（1841）里说，“很多冬季开张的红叶（鹿肉）店和卖鲫鱼海带卷的店铺到了正月初二悄悄地变成了寿司店”。

吃兽肉不再是见不得人的行为，渐渐地，兽肉店铺开始把兽肉称作“山鲸”来销售。也就是说人们开始把野猪和鹿这些山中的动物比拟成日本人更熟悉的鲸鱼肉。

歌舞伎脚本《伊势平氏摄神风》（1818首演）里，“第二目序幕”的舞台上就设置了带有“写着山鲸、汤类的屏风”的“小摊”。由此可知当时山鲸这个名字已经很普遍。《守贞谩稿》里也记载：“山鲸，如今烹饪兽肉的店铺必会在招牌和灯笼上书写山鲸字样，三都均是如此。”

在《书杂春锦手》的图中，从兽肉屋里出来的客人手里面拿了包着兽肉的纸包，这种包装纸是旧油纸伞的纸，伞纸上涂了油所以很适合用来包兽肉。《忠臣藏前世幕无》(1794)里也说，旧伞"适合做包野猪肉的纸"，还有过这样的诗句：

なきがらを傘にかくすや山鯨

废弃旧伞包山鲸，材质正相宜

(旧伞废弃的纸用来包山鲸)

柳七七　1823

江户是一个讲究资源循环利用的社会，有专门回收旧伞的商人(图71)。但是，回收的旧伞难以满足大量的包装需求。寺门静轩的《江户繁昌记》初篇(1832)里写到，麹町附近卖肉的店铺都会使用旧伞的油纸，以至"都内一年几万把旧伞"不够用了，商家逐渐开始用竹叶做替代品。从这一点上也可以看出食用兽肉的普及程度。

图71　回收旧伞的商人。(《守贞谩稿》)

（3）山奥屋、野味店

在兽肉屋将兽类肉品命名为山鲸的同时，店铺的名称也改成了山奥（深山）屋。名字来源于“深山踏红叶，听闻鹿儿鸣”，从这个句子可以看出深山（山奥）与兽肉之间的关联。

《茶番早合点》二篇（1824）中的兽肉屋，屏风上画着牡丹和红叶，写着“汤品　山奥屋”的字样，店铺门前的看板上写着“汤品　山鲸　山奥屋”。兽肉被写作“山鲸”，店铺表示为“山奥屋”，兽肉的汤品用大碗盛（图72）。

图72　山奥屋。招牌上写着“汤品　山鲸　山奥屋”。屏风上有菜单，还装饰着牡丹和红叶。（《茶番早合点》二篇）

《玉之帐》（宽政年间）里登场的招牌写手与惣兵卫曾说，“山奥屋之看板，不可无牡丹与红叶。故非我所能”，说的是山奥屋的看板上必须要画上牡丹和红叶，但他画不了。这里我们也可以看出，兽屋店的名称变成了山奥屋，在屏风上画牡丹和红叶的图已经成为习惯。

与此同时，兽肉屋也被唤作“野味店”（ももんじや）。“ももんじ”这个词同时可以代指野兽，指的是有尾巴的危险动物。这个词后来用来指代野猪和鹿，因此卖这些肉类的兽肉屋也就被称为野味店（ももんじや）。《浮世风吕》三篇（1812年刊）里面的登场人物曾说“去那家野味店花四文钱喝上了二合半”，上文提到的《江户见草》里面也出现过野味店。推测当时没有店铺用招人反感的动物的名称作店名。直到今天我们还能在两国桥东侧看到一家叫“野味店”的餐馆。

（4）“熟知”兽肉锅

兽肉屋都是把兽肉煮成汤卖的。后来出现了卖兽肉小火锅的店铺。《倾城水浒传》二篇（1826）的插图描绘了尼姑在兽肉屋吃火锅的场景（图73）。

虽然现实中大概率不会发生一个尼姑在这样的店里面吃兽肉火锅的情况，但是从中可以看出兽肉店已经开始提供兽肉火锅这个细节了。

《江户繁昌记》初篇里《山鲸》一篇讲到“凡肉皆与葱相宜，一客一锅，连火盆同呈。上户可做下酒野味，下户可以之下饭”。《守贞谩稿》里面也记载：

图73　兽肉锅屋。一个尼姑正在吃兽肉火锅。(《倾城水浒传》二篇)

当今，京都、大阪的街上都有专门卖这些东西（野猪肉、鹿肉）的地方。现在就只有一些苇帘小店没有，剩下即便很小的店铺都在卖，江户就更多了。三地都是加葱用锅烹饪。

可见到了幕末时期，兽肉小火锅已经很流行了。

带插图的《种瓢》三集（1845）里，有一张图描绘了客人在店里吃兽肉锅的情形，屏风上写着“熟知”（御ぞんじ）的字样（图74）。书里还有一张兽肉锅屋的图上也写着“熟知”的字样（图75）。似乎当时很流行这样写，意思是“为各位所熟知的兽肉锅”。

图74　兽锅屋。火上正煮着兽肉锅。屏风上写着“熟知”字样。图上的文字是“熟知店中盘腿坐，初山之前辈”。(《种瓢》三集)

图75 兽锅屋。这张图也描绘了写着“熟知”字样的兽肉锅屋，图上的文字是“入冬之红叶，牡丹正盛开”。(《种瓢》三集)

兽肉以前是受人嫌弃的东西。尽管如此江户的街市上还是出现了卖兽肉的店铺，之后又出现了可以吃兽肉的餐馆。兽肉店没有直接标出肉类名称，而是用牡丹或者红叶等和语词汇来代称，甚至用图来表现。另外，店铺改名为山奥屋，为了让客人可以享用到更美味的兽肉，还在吃法上下功夫，创造出小火锅这种形式，并创造出“熟知”这种揽客的标语。

兽肉锅屋在店家这样的功夫和努力之下发展起来，但在明治时代牛肉锅流行起来后逐渐衰落。反过来说，牛肉锅的流行是以兽肉锅的普及为前提的。

（5）猪肉锅的出现

江户时代也养猪，但不是为了食用而养，是为了外科医生做实验饲养的。

外科殿のぶたは死に身で飼はれて居
外科医者饲之猪，死后变食物
（外科医生的猪，死后变成了食物）

柳一　1765

兼て覚悟を極めて外科の豚
研究食用兼有之，外科饲养猪
（外科的猪要做好两用的准备）

柳九六　1827

后来江户人开始食用做完实验的猪肉。《守贞谩稿》里记录：

嘉永以前，并没有公开卖猪的情况。嘉永以来，卖猪肉的情况开始出现，还有直接挂出招牌或者在灯笼上写出来的，被称为琉球锅。（第五卷）

横滨开港之前有几处养猪的，开港之后逐渐增加，还有人专门养猪卖给兽肉店。开港后很多禽肉锅、猪肉锅的招牌开始出

现，也有了卖小火锅的店铺。（后集第一卷）

嘉永（1848—1854）之后是安政，横滨是在安政六年（1859）开港的。开港后猪肉比嘉永年间还要卖得好，猪肉火锅店也出现了。

酒井伴四郎的《江户江发足日记帐》里万延元年（1860）八月十八日的这一篇里写到“吃了猪肉火锅喝了一壶酒之后回家了”，十月二十五日也写了“参拜完天神之后，去之前去过的店铺吃了猪肉火锅，喝了两壶酒”，这也印证了《守贞谩稿》的记载。

幕末时期也有猪肉锅店，但是正如《月刊食道乐》（1907年四月刊）里讲的，“肉食的流行是从禽肉锅到猪肉锅，再到牛肉锅这样变化的”，猪肉锅店最终也在牛肉锅的压力之下销声匿迹。

十一

居酒屋的营业时间

1. 从清晨开始营业的居酒屋

江户的居酒屋都是从清晨开始营业的。因为当时照明依靠的是油灯做的灯笼，夜间店里是很昏暗的，所以居酒屋将他们的重点营业时间放到了明亮的时间段。

式亭三马的《四十八癖》第四篇（1812）里有这样一个情节，两个早上才回家的人商量着要去“角大喝上四壶半”，意思是到名为角大的店里喝酒解宿醉。

另外在人情本[1]《贞操园的朝颜》第四篇（江户末期）里，主人公太三郎在天还没亮的时候就找到一家已经挂起绳帘、升起炊烟的“饭屋”[2]，进店询问“饭好了没有”，店主听到以后把饭端出

[1] 人情本，江户时期以庶民的恋爱为主题的一种通俗读物。

[2] 饭屋，类似于今天的简餐店。

来，回答除了饭以外还有“豆腐渣味噌汤、翻煮芋头、甜卤油炸豆腐，下酒菜还有盐烤沙丁鱼”。

主人公点了豆腐渣味噌汤和沙丁鱼，喝了两壶温热的酒，这时候店里已经有三四个客人在推杯换盏了。

这里也出现了客人一早就开始喝酒的场景。虽然说是饭屋，但也提供酒品，算是类似居酒屋的店铺。有很多店是很难界定是饭屋还是居酒屋的。《笠松峠鬼神敌讨》（1856）里面有一张图，画着一个居酒屋的屏风上用大字写着“饭　一钱十二文　酒肴”（图76）。直到今天，仍旧有很多居酒屋是提供餐点的。

图76　兼营简餐的居酒屋。（《笠松峠鬼神敌讨》）

式亭三马的《七癖上户》的“喧闹宴”（1810）里写到，“唠叨的酒鬼”和“沉默的酒鬼”两个人在喝酒，“唠叨”的那个人说：“江户的酒特别好，所以从一大早就开始喝也不会喝醉，多喝点吧！”对此“沉默”的那个人拒绝说：“哪有天不亮就喝酒还不会醉的道理。”还感叹“今天晚上邻居叫我去家里吃茶饭，这下可来不及了”。也就是说这两个人是要从早上一直喝到晚上（图97）。

小咄本《笑嘉登》（1813）里也记载在木挽町的剧场，“看门人、小贩以及前台工作人员四五人”一起来到横町的一家煮卖酒馆。“这里都卖些什么呀？”“哎呀，现在还是上午都还没准备好，但是煮好的鲍鱼和章鱼是有的。”“那也行。”大家点好菜，各自开始喝酒吃饭。可见在上午，类似现在早午餐的时段就已经有人在居酒屋就餐了。

《四十八癖》第三篇（1817）里面讲过，男主人出门，住在长屋的妻子嫌白天的家务活麻烦，想“带着浅碗到街角的居酒屋花八文钱买一碗汤豆腐”时，居酒屋送来了友人“半”赠送的餐点。半从上午就到这家居酒屋喝酒，叫人送去了温酒、潮前河豚汤、金枪鱼刺身。长屋的妻子拿这些酒菜与邻居饮酒作乐，可见当时居酒屋可以外带食物，也提供外卖服务（图77）。

《世事见闻录》的“歌舞伎戏曲之事”里面写道：“现在在大杂院里，打短工的男人天还没亮就穿上草鞋，手里拿着棒槌出门干活，妻子趁着丈夫不在家，跟邻居家的妇人们聚在一起，互相

图77　居酒屋的外卖。装着酒的酒壶和装着料理的食盒被送上门。（《四十八癖》第三篇）

倾诉自己丈夫的不体贴之处，一起说着一些放荡之事，打打骨牌赌个小钱什么的，有时候还会叫年轻的男人一起喝酒。”

看来在长屋里，这样的酒宴似乎不是什么稀奇事。

2. 通宵营业的居酒屋

有些居酒屋是通宵营业的，被称作“夜明店”。在江户时代，除了幕府官方许可的吉原，还有很多非公认的风月场所。评定江户风月场所的《妇美车紫鹿子》（1774）列举了吉原以外的69家风月场所的名称，遍布了整个江户。“夜明店”就是针对从这些场所回来的客人的。

《大千世界乐屋探》（1817）里“前往田町的夜明店，就着豆腐渣味噌汤喝了二合半酒”所说的田町，是位于浅草日本堤南侧的街区，位置紧挨着吉原，因此出现受众为从吉原回家的客人的通宵营业的居酒屋。

新宿也有能让早上回家的客人喝一碗豆腐渣味噌汤的店铺。《角鸡卵》（1784）里提到，新宿的风月场所附近“排列着写有豆腐渣味噌汤的方灯，在门口发光，照亮往来的行人。清早回家的客人可以来这里歇脚”，所以招牌上写着豆腐渣味噌汤的店铺招揽的是早上回家的客人（图78）。

在夜明店里，经常有人配着豆腐渣味噌汤喝酒。比如“进

图78　写着豆腐渣味噌汤的招牌。（《角鸡卵》）

入夜明酒屋，花上四文钱买一碗豆腐渣味噌汤”（《妓娼精子》，1818—1831），还有“前天晚上，吃了两碗荞麦面，回家时顺路去夜明店就着雪花菜汤喝了一壶酒”（《三人吉三廓初买》）等。豆腐渣味噌汤指的是加了豆腐渣的味噌汤，也被称作雪花菜汤。就像“就着豆腐渣味噌汤喝解醉酒，可以治酒后的恶心”（《甲站雪折笹》，1803）里说的那样，当时很多人相信豆腐渣味噌汤有缓解宿醉的功效。

《七不思议葛饰谭》（1865）里的插图“夜明店燗酒馆”描绘了一家摆着“夜中屋　茶饭　浇汁豆腐”招牌的店铺（图79）。从中我们可以看到夜明店营业的情况，带着深夜营业的孤寂感。飨庭篁村的《苦竹》（1890）里面，有一篇文章描写了这样的情形：

纸灯笼的灯光逐渐暗淡下来，房檐下，水渠边，零星的几

图79 “夜中屋”。挂着苇帘的店铺，外面放着地桌，客人催着“先上五壶热酒”。(《七不思议葛饰谭》)

个摊子被摆了出来。用带着破洞的桐油纸包着扁担，低矮的房檐，月色之下，荞麦面八厘，好酒一钱，红烧豆腐汤翻煮着，这是一家“夜明”的煮卖餐馆。（略）座位和地桌都很窄小，见过一两次连名字都不知道的你我就在这里结交。

这里描述的是夜明店在明治以后的情形。破旧的桐油纸糊成的小摊上，点着昏黄的灯笼，见过一两面以后很快就熟络起来一起推杯换盏的人们也会觉得拥挤不堪。

直至今日，在居酒屋里还会有人与坐在旁边的人搭话。这也是居酒屋的魅力所在。

十二

居酒屋的客人

1. 货郎和短工

今天居酒屋的客人主要是下了班的工薪一族，江户时代与此大相径庭。

第一章第三节中提到的丰岛屋，客人多以货郎（行商）、下层杂役、仆役、轿夫、船夫、短工等为主，这些江户社会的底层人员是居酒屋的常客。那么江户时代这些群体有多少人呢?

首先将这个群体进行简单的分类，可以分为町内劳动者（货郎、马夫、轿夫、船夫、短工）和武家奉公人（仆役和仆从）。

从很早开始，町内劳动者就以货郎和一日雇用的短工为主。货郎就是当街叫卖的行商，日文称作“振壳”或“棒手振”。他们挑着扁担带着货物沿街叫卖。当时幕府不允许民众随意从事货郎的工作，1613年时只允许持有町奉行所颁发的行商证的人行商。后来随着货郎人数的增加，到了1659年二月，光是江户北部（日本桥北侧）的货郎就达到了5900人（《江户町触集成》二三二）。

货郎的生意不需要太多成本，随着都市底层民众数量的增加，业务的种类也丰富起来。面对货郎的不断增加，奉行所在1659年四月重新讨论了行商证制度，规定了货郎经营中不需要行商证的业务类别。其中，不再需要行商证的业务有26种之多，这样一来行商证制度名存实亡，货郎行商成了一个自由经营的行业。

因此，奉行所在1679年二月发布公告，“听闻行商货郎人数近来增加过度。今日起对实际情况展开调查，须依以前的规定颁布票证，限制人数，今年停止新开行商业务”（《撰要永久录》），恢复行商证制度，也禁止新的货郎入行。但是这个公告基本没什么效果，《嬉游笑览》里记载：“之后（1679年以后）这个政令已经没人再提起，（行商证制度）似乎是被搁置了。”

结果幕府无法再对庶民打短工的这种营生进行限制，江户的街市上一整天都会有人带着各种各样的东西叫卖（图80）。这也是江户庶民力量改变政治的一个例子。

式亭三马的《浮世澡堂》（1809—1813）里曾记载，卖食物的货郎依品类也会有这样的经营时间差：

> 从清早到中午：纳豆、金时（加糖煮制的红小豆），花蛤和去壳文蛤，酱、金山寺味噌、酱油醪，腌咸菜、奈良渍[1]、南蛮

[1] 奈良渍，将白瓜、黄瓜、西瓜、生姜等蔬菜用盐和酒糟腌制而成的酱菜。

图80 “卖鱼”和“卖青菜”。(《江户职人歌合》上，1808)

渍[1]，青菜，鱼

中午：菖蒲团子（形状类似菖蒲花的团子）、豆腐、蒲烧鳗鱼、白酒

下午两点左右：甜酒

夜间：大福饼、煮鸡蛋、关东煮、山药泥饭、红豆汤与年糕汤、风铃荞麦面（夜莺荞麦面）

货郎简直像移动便利店一样。

短工（日文为“日傭取”）指的是以天为单位打短工的人，也被称作“日雇”。短工的人数也发展到需要管制的程度，幕府

[1] 南蛮渍，把葱花、辣椒等配料放入油炸好的鱼或肉里，然后再加入醋进行腌制而成的料理。

早在1653年就下达命令，要求短工从工头处领取日工券之后才能工作。到了1665年又设置了“日用座”，要求只有从日用座领取了日工券的人才能打短工（这个日用座制度一直持续到1797年）。起初需要领取日工券才能从事的工种有建筑工、舂米工、扛包、搬运等，后来逐步囊括车夫、轿夫和武家奉公人。可以推测是因为后来这些行业雇用的短工人数也增加了。

车夫是在1679年、轿夫是在1707年开始领取日工券的，这从侧面说明这些行业的人数是从何时开始增加的。下面我们来分析一下当时的情形。

2. 轿夫

江户普通百姓出行使用的轿子被称为四手驾笼，是一种用四根竹子为柱，用竹篾子结成的简单轿子，抬轿子的人被称为轿夫（图81）。

江户时代的“乘物”指的是一种有拉门的特质轿子，与驾笼这种比较粗糙的轿子在称呼上做了区别。只有上级武士、公卿、医生、僧侣等有身份的人才能坐乘物。如果乘物相当于配有司机的私家车的话，驾笼就是出租车，其行驶是受到限制的。主干道上允许坐驾笼，江户市内则禁止乘坐驾笼。

随着江户人口的增加，城区的扩大，出现了需要坐轿出行的

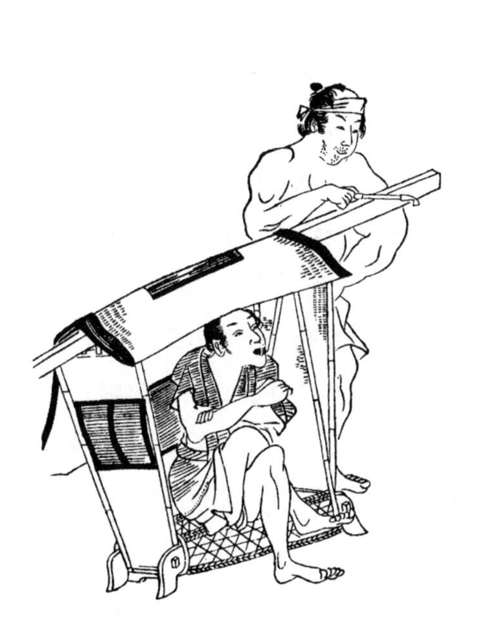

图81　四手驾笼。(《江户职人歌合》下，1808)

人。对此幕府在1665年二月对町内坐轿一事，遵照以往的规定要求，强调严禁在品川、千住、板桥、高井户范围内坐驾笼。这四处也被称为江户的四宿，东海道（品川）、日光街道／奥州街道（千住）、中山道（板桥）、甲州街道（高井户）这五处的街道是通往江户市内的入口。进入后就是幕府的檐下了。如果市民随意地坐着驾笼进入这个范围会破坏身份制度。

但是，这个政令未能杜绝乘坐驾笼的行为。到了1681年幕府又公布了更严格的禁令，如发现坐驾笼者将会对乘客、轿夫和驾笼的主人一并处罚。但是这个禁令似乎也没什么效果，之后还是频繁颁布“最近，又出现了贷驾笼（收费让别人搭轿子）的情况，今后不许再进入禁止区域”之类的禁令。“贷驾笼”一直在增加。

终于，在1799年八月，幕府有条件地允许贷驾笼的经营。他们给幕府允许经营的贷驾笼烙上许可的印记（类似今天的许可号码），规定只有老人、病人、女子、小孩子可以使用贷驾笼。虽然是有条件的，但是贷驾笼在市内已经可以自由往来，贷驾笼的数量自然就增加了。1739年十一月在町奉行所的命令下进行调查的结果显示，贷驾笼总量已经达到了1273个。如果这些驾笼全部在营业的话，则意味着当时轿夫的人数达到2500人以上，另外在町内十字路口等地等着接送客人的辻驾笼也出现了。可以理解为出现了出租车打车站。

针对这样的情况，幕府在1713年出台了限制驾笼数量的政策。町奉行所将驾笼限制到300乘，并给这些驾笼打上了烙印，禁止其他贷驾笼经营。

很多人因此失业，为生活所困，所以使用没有许可烙印的贷驾笼出来拉活的人逐渐增加，幕府也难以全部取缔。1726年十二月，当年的轮值名主向奉行所递交了请愿书，要求增加有许可烙印的驾笼的数量。奉行所接到申请之后，南北两大町奉行（南奉行是大冈越前守忠相、北奉行是诹访美浓守赖笃）联名向幕府递交请示，询问是否可以允许无烙印的驾笼自由经营。幕府批准了这一申请，这个结果由北町奉行传达给了町名主。虽然没有提到解除对乘客的限制，但是事实上禁令已经有名无实，自由坐轿的时代来临了。很有意思的是，为我们所熟知的大冈越前守忠相在撤出乘驾笼禁令一事上也起到了推动作用。

《世事见闻录》的“诸町人之事”里写到，“居民的妻妾以及杂役等也乘驾笼的行为蔚然成风”，证明谁都可以坐轿的时代已经到来。

轿夫的人数增加，西泽一凤轩的《皇都午睡》（1850）里面记述：

> 江户主干道的各处大门、小门过驾笼的轿夫坐在驾笼上，看见路过的行人就出声吆喝“坐轿啦，坐轿啦，老板坐轿啊”。还出现了驾笼屋这种场所，一个街区往往有五到七家。

有些轿夫是从租借驾笼的驾笼屋租轿子，也有些轿夫是直接被驾笼屋雇用的,《守贞谩稿》上有关于这一行业从业人数的记载:“现在,四手驾笼之轿夫数已逾万。”

现在的出租车司机是绝不能酒后营运的,但是江户时代的轿夫对此却不怎么在意,他们经常喝了酒以后去上工,还会在事先谈好的路费以外跟客人索要额外的小费做酒钱。轿夫跟喝酒成了固定搭配,他们是居酒屋的重要客人。《今朝春三组盏》(1872)中描绘了一名在店外放下驾笼的轿夫走入一家“夜明店”的情形(图82)。在这个故事的剧情里,轿夫是店里的熟客。

图82 走进居酒屋的轿夫。招牌上写着“上酒”“中汲”“饭”“豆腐渣味噌汤”“炖菜”。(《今朝春三组盏》)

3. 车夫

如果说轿子是出租车的话，大八车就相当于卡车了。大八车是用来搬运货物的运输工具，宽文年间（1661—1673）诞生于江户。《本朝世事谈绮》（1734）中提到："宽文年间，江户造出了大八车。据说因为可以替代八个人的人力，所以也叫代八车，今天写作大八。"还有一种说法认为大八车是一个名叫大八的人造出来的，因此得名。

大八车运输力惊人，跟贷驾笼一起急速扩张。1703年十一月进行了驾笼数量调查，同期幕府也对大八车的数量做了调查，最终结果是1273辆。

这些推拉大八车运送货物的人就叫车夫，也被称为车引。

車引無口なやつは跡を押し

大八车尾推车者，寡言又少语

（车夫里在后面推的人总是很沉默）

柳八二　1825

大八车必须由两到三个人配合着推拉，在前面拉车的人总是会大声吆喝着让别人避开。在元禄时代，江户的车夫人数众多（图83），他们之中有一些人自己是车主，也有相当一部分人受雇于车行。车夫是居酒屋的重要客人，有句云：

图83　大八车与车夫。(《北斋漫画》第二篇，1816)

居酒やに馬と車のはらいもの

居酒屋里花钱者，马夫和车夫

(马夫和车夫都是经常在居酒屋里花钱的人)

万句合　1763

马夫和车夫把自己的马和车放到居酒屋的门前自己去饮酒了。看来马夫也是居酒屋的重要客人。

4. 武家奉公人

江户时代，在武家府邸里做杂役的若党(年轻家臣)、徒士(下级武士)、中间(仆役长)、小者(男仆)、陆尺(杂工)等人，数量众多。这些武家奉公人多世代在其主家做事，荻生徂来在他献给吉宗将军的《政谈》(1727年左右)里谈到“近年出替武家奉公者众，谱代奉公者寡”，意思是到了享保年间，世代在主家奉公的谱代奉公人已经很少见了，多为临时的出替奉公人。所谓出替奉公，是指只在一定期间受雇在主家奉公，雇佣期一般是半年到一年不等，后来逐渐缩短到三个月、一个月、二十天甚至一天左右。

在人宿(中介的意思，也被称为庆庵、口入等)的斡旋之下，很多百姓和市民被雇用为出替奉公人。江户时代对出替奉公人的需求量非常大，这导致做中介的人数也增长了，到宝永七年(1710)从事中介生意的人已经达到390多人。

这种以天为单位受雇的武家奉公人薪酬微薄，经常要靠编草鞋、草履，或是搓制穿铜钱的绳子强卖给商家，以补贴家用。出替奉公人这一形式逐渐成为常态，这导致奉公人整体素质低下，不良风气逐渐扩散。正如《风俗游仙窟》中描绘中档居酒屋风貌的插图(图12)里表现的一样，他们为居酒屋贡献了客流量。

武家奉公人经常出入居酒屋，而且往往被当作比较麻烦的客人。

曾任职南町奉行的根岸镇卫在他的见闻录《耳袋》(1814)中曾描述：

> 一个下级武士打扮的男人走进一家居酒屋，骚扰一个独自在店内吃饭喝酒的普通酒客。那个普通酒客一开始对他的挑衅行为苦笑着不予理睬，过了一会儿终于无法忍受，他点了一份豆腐，要求店家煮得滚烫、放上非常多的辣椒和芥末，然后他把

装着滚烫豆腐的大碗扣到“坏人”的头上，并在混乱中溜走。店里面的客人都认为，如果不是那个下级武士先招惹别人，这样的事就不会发生，大家都会很开心。开水淋头的武士全身被烫得通红，再加上辣椒和芥末，眼睛和嘴都疼痛难忍，葛酱油[1]又导致全身都烫伤。怒火中烧的武士找不到报复的对象，只好一个人愤愤不平地回家了，成了别人酒后的笑柄。

故事中没有人同情下级武士。

笑话集《话语句応》(1812) 里面讲到一则小故事，一个叫折助的仆役长走进一家居酒屋，点了酒和汤豆腐，汤豆腐很好吃，于是他不断追加，吃完以后却只付了酒钱就跑掉了。后来居酒屋的人把他抓住，打了一顿之后扔到了河里。从河里爬上岸的折助念叨：“真冷啊。吃了煮好的热豆腐，却把我给弄成了凉拌豆腐。”这个故事没有什么深意，却也折射出这个群体常常为缺钱所困的现实。

5. 下级武士

锹形蕙斋的《近世职人尽绘词》(1805) 里，有一张图描绘了上文介绍过的位于新和泉町（人形町三丁目）的四方居酒屋（图84）。

[1] 葛酱油，加入葛粉的酱油汤。

图84　四方居酒屋。右侧一个戴着头巾的武士正往店里走。店内还有四个客人和三个店员。左侧隔出来的窄窄的房间里，放着温酒用的铜壶，铜壶旁边放着锅。(《近世职人尽绘词》)

图上的四方酒店里有一个区域是做居酒屋生意的，一个用头巾包着脸佩着两把刀的武士念着“天气寒冷，喝一杯吧”走进了店里。这个武士跟隐身掩面去居酒的其角一样，在寒冷的天气里为了暖暖身子来到了居酒屋，又不想让人看到自己的脸所以蒙着面。

画中店里已经坐了四个客人，货郎将担子放在门口喝起了酒，看起来像是个混混的男人露出文身恐吓别人。可见形形色色的人都在居酒屋喝酒。

《金储花盛场》(1830)里画了一个带着随从走进“茶泡饭店”的武士(图85)。下级武士打扮的随从跟在他后面抱怨说:

> 主家,给我也来一份茶泡饭吧。刚才在酒馆里只有主家吃,我看着您就着金枪鱼刺身喝酒喝得很惬意的样子,在您旁边大声咽着口水,一直盯着您看,您不知道我这心里是什么感受……

图85　走进茶泡饭店的武士和随从。(《金储花盛场》)

这两个人在来这家店之前已经去过一家居酒屋了。像这样武士带着随从一起外出就餐的情形并不鲜见,《世上洒落见绘图》(1791)里也出现了一个带着随从进入蒲烧鳗鱼店的武士形象(图86)。下级武士经常造访居酒屋,有句云:

图86　正要走进蒲烧鳗鱼店的武士和随从。(《世上洒落见绘图》)

居酒屋で任官をするけちな武士

居酒屋里谈工作，小气的武士

（在居酒屋里面试的小气武士）

柳一〇八　1829

还有武士会把居酒屋当成求职活动的场所。并不是他们小气，是因为他们确实拮据，迫不得已。

前面介绍过的纪州藩下级武士酒井伴四郎从1860年五月二十九日到江户就职，到十一月末为止，在自己的《江户江发足日记帐》中一日不漏地详细记录了每天的活动，记录显示他频繁地在外用餐。同时他也经常喝酒，在荞麦面馆、蒲烧鳗鱼店、茶泡饭屋、茶饭屋、雁锅屋等都会买酒喝，还会搭配下酒菜：

汤豆腐、玉子烧、小咸菜配一合酒（六月二十二日　上野不忍池）

康吉鳗、芋头、甜煮章鱼当成下酒饭食（七月十六日　浅草）

就着猪肉锅喝了一合酒（八月十七日　赤坂）

打算去吃黄鸡锅，后来改吃了蛤蜊锅，喝了一杯（九月十八日　京桥）

泥鳅、猪肉锅下酒，喝了两合（十月二十五日　赤坂）

不知道他去的具体是哪家店铺，只知他下酒的汤豆腐、火锅、煮芋头这些是居酒屋常见的餐品。伴四郎每次去某种食物的专卖店时，都会把店铺的类型和名字记录下来，所以上文中提到店应该都是类似居酒屋的店铺。赴任江户的下级武士频繁出入居酒屋的情形跃然纸上。

十三

居酒屋的酒

1. 点酒和点餐的方法

在居酒屋喝酒当然少不了下酒菜。酒与菜不分家，不止居酒屋，只要是卖酒的铺子，看板上往往会写着“酒肴”的字样。《杂司之谷纪行》(1821)的“菜饭田乐之茶屋”里就描绘了一家招牌上写着“御酒肴”的店铺(图87)。

喝酒就要配菜肴，肴字在日语中的读音是sakana，结合酒(saka)与配酒或饭的菜(na)，也就是“喝酒时候的配菜”。因此两者之间的关系是酒为主，下酒菜扮演的是让酒喝起来更美味的辅助角色。

在日语中下酒菜也被称作“附”(つけ)，意思是搭配酒类提供的菜品。

记录了吉原风俗变迁的《麓之色》(1768)里讲到，吉原“以前还会用沙丁鱼干、梅子、煮豆子等简单的东西做下酒菜，

图87　招牌上写着“御酒肴”的菜饭田乐店。(《杂司之谷纪行》)

但是现在已经是点心盘（砚蓋）、钵肴[1]或者是干果子[2]了，对于料理做得好和下酒菜好吃的地方，客人会慕‘好附之家’的名气而来”。“好附之家”指的是会提供上等下酒菜的青楼。《东海道中膝栗毛》第八篇（1809）里弥次和喜多两人走进大阪天满桥附近的一家居酒屋，打算喝上一杯，弥次说“这家的附太难吃了，我们回刚才的那家喝吧”，跟同伴早早地离开了。“附”这个词最早是专门用来指代风月场所的下酒菜的，后来词义逐渐泛化，泛指下酒菜。

在日语里，只有有酒的配菜才会被称为肴。在居酒屋里，首先要点酒，就跟今天的“先给我来一杯啤酒”的习惯一样。欧式餐厅里那种先点菜，然后搭配菜品点红酒的点餐方法在居酒屋是行不通的。

那我们来看看居酒屋的点餐方法。

一行两个客人走进“酒馆”，要酒时说道：“来个小半。”（《醉姿梦中》，1779）四人同行，大家觉得兴致正酣打算去喝一杯，到上野山下的“山田屋”里：“小半快点，尽量多来点下酒菜。”（《广街一寸间游》，1777）还有进入酒馆的客人跟店主问：“好酒一合，下酒菜都有什么？”店主回答：“有醋腌沙丁鱼、煎菜和翻煮芋头。”（《杂司之谷纪行》）

[1] 钵肴，装在小碗里的下酒菜。在怀石料理中指烤鱼等烤物。

[2] 干果子，指水分较少的日式点心。

这些对客人点菜的记录，都是先要酒，然后再点下酒菜。

虽然酒和菜同时点的情形也经常能看到，但是菜大多是为了喝酒而点。“中台客人一位，四文一壶酒一碗煮豆腐”(《浮世理发馆》初篇）里可以看到客人点的餐品被报给了后厨；折助进入居酒屋点餐是“二十四文的酒一合，一份汤豆腐”(《话语句应》)；两个客人走进“酒馆”点餐，“四文的酒三合”“下酒菜就来葱肉串吧”(《爱敬鸡子》)。各种示例不胜枚举。

2. 以酒的价格和多少来点单

在居酒屋里点酒的客人经常会用“二十四文的酒一合”或者“四文的酒来三合”等说法，这种用酒的价格和分量来点单的情形很常见。《浮世酒屋喜言上户》(1836）里讲到，三个客人进入居酒屋点单时说“来点好酒”“三合温酒”，这类就属于手头比较宽裕的客人的点单方法了。一般情况下，在有限的预算下计算能喝多少酒对居酒屋的客人来说是非常重要的，去居酒屋的一大好处就是客人能够按自己口袋里的金额决定喝多少（图88)。

江户时代的居酒屋不会像今天一样要客人负担消费税（餐饮行业都是这样），也不会在点餐之前给客人端上默认的收费前菜。现在大众对收费前菜有争论，赞成的人认为“在上菜之前就有的吃”“前菜不是自己点的所以内容令人期待”，与之相对，批评的

图88　居酒屋店内。座位被屏风隔开，客人们各自点了自己喜欢的菜品在喝酒。(《浮世酒屋喜言上户》)

人认为“明明不想要却被强制消费是不合理的”。不喝酒的客人有时候也会被奉上收费前菜，这其实是为了收取餐位服务费提供的。我想以后可能会有越来越多的外国游客来到日本，希望这个收费前菜制度能够获得他们的理解。

收费前菜的制度是从什么时候开始的很难确定，似乎历史并不长。大槻文彦的《大言海》(1932)收录了大量词汇(索引中有98000词)，收录的时间一直截止到作者去世的1928年，其中表示收费前菜的日文单词“通し”和“お通し”都没有被收录。查阅手边1940年1月版的《广辞林》，“通”字中收录了“おとし(通し)”

一词，解释为“餐馆在客人点好的菜品上桌之前先提供的简易下酒菜”。从词典收录的情况可以推算，这个制度大约始于1935年。可以说是客人点单喝酒的习惯孕育了收费前菜的制度。

3. 以二合半为单位点酒

前文引用过的《七癖上户》里“喧闹宴”那张从左上方视角描绘的居酒屋正面图，店铺结构和店内的情形一目了然（图89）。入口处挂着比目鱼等鱼类，店铺左侧挂着的细长招牌上写着“大极上　中汲　浊酒”。店员喊着“中台三位贵客，四文二合半，鳆鱼和鳖汤”把客人点的菜告知后厨。“中台”讲明了客人的位置，指的是排在房间中央的坐席。有一个客人在中台坐着喝酒。

“四文二合半”指的是四文一合的酒要两合半，这是客人在居酒屋点最便宜的酒时常用的说法。

在这个时代，四文钱的酒价还是太便宜了。这个例子里客人点的应该是招牌上写的“浊酒”。花四文钱左右就可以喝上一合酒，这正是居酒屋的优点。今天我们很难估算当时的一文钱相当于现在的多少钱，整个江户时代一石米（约为150公斤）约为一两银子，以这个基准来推算的话，一两大概相当于今天的75000日元，那么一文钱在今天也就是13日元。上文提到的四文酒，今天花50日元就可以喝到了。这个价格对今天的我们来说显得便宜

图89　从左上侧视角俯瞰居酒屋。居酒屋的情况一目了然。写着“大极上中汲　浊酒”等酒等级的细长招牌立在门口，店内挂着鱼。(《七癖上户》)

得不可思议，不过当时就是能买到这么便宜的酒水。

“小半”这个词在日文里是“こなから”，其中“こ（小）”和“なから（半）”都是一半的意思，加在一起就是一半的一半，即四分之一的意思，一般指酒或者米四分之一升，后来常用“二合五勺”来表示。

在今天看来“二合五勺”这个单位是很不精确的，但是在江户时代有一种叫作“小半升”的量器，武家下级奉公人每日的薪水就是二合五勺米。另外，江户时代的货币分为金、银和铜钱三类，金有“两”“分”和“朱”三种单位，一两的四分之一为一分（一两＝四分）、一分的四分之一为一朱（一分＝四朱），按照四进制换算。所以点酒的时候以四分之一为单位对江户时代的人来说是很自然的。

在居酒屋里常常会听到有人说“小半快点”，客人经常会以“小半”为单位点酒。今天我们点酒水的时候也会经常说“来一瓶酒”或者“一壶酒”，虽然用的不是两合半这个数量词，但一样是按照容量单位在下单。

4. 通货膨胀导致酒价上涨

《七癖上户》里还有“三号格子间，一位客人，八文一合，煮豆腐”这种店员将客人要的酒菜喊报给后厨的情节，那么“八文一合”是怎样的酒呢？有句云：

八文が飲むうち馬は垂れて居る

喝八文钱的酒，马也歇歇脚

（喝八文钱的酒让马也休息一下）

万句合　1764

八文が飲み飲み根ほり葉ほり聞き

八文酒醉意醺醺，总刨根问底

（喝八文的酒喝到唠唠叨叨问东问西）

万句合　1769

这两首川柳都是明和年间（1764—1772）创作的，描绘了在居酒屋喝八文酒的情形。可见这个时期居酒屋里已经有八文酒了。

之后酒价不断上涨，八文钱越来越难买到酒。关于酒价的变化，大田南畝的《金曾木》（1809—1810）里记载：

予幼年时，（略）酒一升价为一百二十四文到一百三十二文。贱者亦有八十文、一百文者。其间涨至一百四十八文、一百六十四文，甚至二百文、二百四十八文。至明和五年戊子时节，竟至南镣银四文之多，物贵银贱之故也。

南畝生于1749年，所以他的幼年时期应该在1751年至1772年之间。那个时期还有八文一合的酒，所以在居酒屋可以花八文钱买到便宜的清酒，之后酒价不断上涨。酒价的上涨是物价整体上涨导致的，物价上涨的原因就是南畝提到的新铸造的四文钱。

1768年除了原本一文面值的钱币，幕府又发行了一枚四文的通用真瑜四文钱。这种四文钱后来被大量铸造，导致了钱币贬值。物价上涨的通货膨胀时代到来了，酒价自然水涨船高。根据1770年五月町内名主的调查报告，“酒的价格以往在一升八十文到一百文之间，现在一升要一百一十六文到一百二三十文”（《江户町触集成》八二〇〇）。

1770年以前一升酒的价格在“八十到一百文”，后来逐渐上涨。到文化年间（1804—1818），据《金曾木》的记载酒价“上涨到二百四十八文”，二十五文一合酒的时代到来了。从明和到文化的四十年间，酒价上涨到之前的三倍。

即便这样在居酒屋还是可以花八文钱买到酒。《七癖上户》里面也记录了客人点“八文一合”的情形，前面介绍过的《叶樱姬卯月物语》（1814，图37）里的两个客人也在推杯换盏中感叹“八文的酒也不错呢，就喝那个吧”。

文化年间“八文一合”的酒应该就是《七癖上户》的看板上写的“中汲”了，时代变迁环境变化之中，依然能够喝到四文、八文的酒，这也是居酒屋的魅力所在。

5. 以酒铺的零售价买酒喝

酒价虽然上涨了，但是居酒屋的客人还是能够以酒铺的零售价格买酒喝。调查文化和文政年间（1804—1830）酒的零售价格可以得知：

（一）一升二百四十八文。(《金曾木》，1810年左右）

（二）一壶二十四文。(《爱敬鸡子》，1814年）

（三）江户，文化文政年间，好酒一升二百四十八文。(《守贞谩稿》)

（四）文化文政年间，和泉町四方的泷水一升约为三百文，镰仓河畔丰岛屋的剑菱为二百八十文。(略）次之的是二百五十文、二百文，最便宜的有一百五十文左右的。(《五月雨草纸》)

可见文化、文政年间酒的零售价格贵的大概在一合二十五文。这个时期居酒屋的售酒价格如下：

（一）哎！二十四文的来两壶。(《无笔节用似字尽》，1797年）

（二）在“酒馆”里喝了“二百五十文一升”的酒。(《酩酊气质》，1806年）

（三）叫居酒屋送来的酒是一壶“二十八文”的。(《四十八

癖》第三篇，1817年）

（四）折助走进居酒屋，点了“一壶二十四文的酒”。（《话语句应》，1812年）

居酒屋的酒价在一合四文到二十八文之间，这个价格与酒铺的零售酒价差不多。酒的零售价格是八文时，在居酒屋可以喝到八文酒，后来酒价涨了也还是能以零售价格在居酒屋喝酒。这是因为居酒屋可以赚取进货价和销售价格之间的差价。居酒屋之所以能繁荣，主要原因之一就是保持与酒铺一致的酒价。

6. 酒友之间平摊费用

当时在居酒屋里结账的时候，客人可以像今天一样分摊酒钱。《七癖上户》的“喧闹宴”里描述两个一起到居酒屋喝酒的客人在付酒钱的时候，有“一人付一半”的说法。还有五个人“在居酒屋各出了十二文”酒钱，兴头上又一起去了品川的风月场（《新吾左出放题盲牛》，1781）。现在一行人一起在居酒屋喝酒，然后顺势再去酒吧或者俱乐部继续玩的情况也很寻常，上文就是这类情形的江户版本。

另外，类似与朋友“一人出资一百，然后一起转战雁锅屋吃鳗鱼”（《花历八笑人》第五篇），事先每人收一百文再去吃鳗鱼锅的情况也很常见。

十返舍一九的《金草鞋》第十一篇《秩父顺礼之记》（1818）里，行至秩父路的两个主人公站在挂着酒林的茶馆前进行了这样的对话：

> “我喝不了酒所以平时滴酒不沾，但总是会被分摊酒水费用。今天我真的就只是看着你喝，一口酒都不会碰的，所以就不出酒钱了。”
>
> “原来如此，这是自然的，不喝酒的人当然不该出酒钱，但是你不喝酒却坐在一边，总是要闻到酒的香气吧。那请出一部分闻酒味的费用吧。”

不喝酒的人在诉说着分摊酒钱的不公之处（图90）。今天也是如此，喝酒的人和不喝酒的人分摊费用总会有不合理之处。

所谓平摊，是“平均分摊”的缩略说法，日文写作“割勘”，是“割前勘定”的缩略写法，意思是按人数分割账单金额后结账。江户时代还没出现这个词，当时都是用“合力支付”（出合）、“一起支付”（だしっこ）、“分摊”（わりあい，割合）、“一人一半”（一つ割）的方式来表达。

平摊付钱在西日本还会被称为“切合”。收录大阪方言的《浪花闻书》（1819年左右）中记录“切合指的是两个人或者多人共同出资，支付食物或其他消费品的费用”。

图90　挂着酒林的茶馆。因为是乡下的茶馆，所以招牌上写着“一膳饭食糖饼”，除了酒以外这家店铺还提供饭食和甜品。(《金草鞋》第十一篇)

所以居酒屋是一个可以一个人轻松地饮酒，也可以与朋友一起均摊酒钱的消费场所。

十四

在居酒屋喝酒的情形

1. 喝的是温酒

清酒出现以前，虽然人们在寒冷的季节也会喝温酒，但大部分情况下都不会加热酒。直到16世纪后半叶清酒诞生之后，才有了在所有的季节都喝温酒的习惯。

传教士陆若汉（Jean Rodriguez）的《日本教会史》中记录：

> 按照日本以往真正的惯例，只有在旧历的第九个月第九日到第二年第三个月第三日，也就是说从九月到三月才会喝加热过的酒。（略）一年之中其他的时节都是喝冷酒的。然而，现在普遍是一年之中所有的时节都温酒喝，在这一点上已经没有什么惯例的限制了。

陆若汉在日本居住的时间是1577年到1610年，这里所说的应该是那个时期日本的情况。

《世谚问答》(1544)里面写道:"九月九日重阳节喝菊酒,有一种说法认为这一天喝酒可以祛病消灾,过了这一天之后酒要煮沸以后再喝。"菊酒上漂浮着菊花。从重阳节的贡品"菊酒"开始,喝温酒成为了习俗,不过这个习惯后来发生了变化,到16世纪后半叶,人们开始一整年都温酒喝。路易斯·弗洛伊斯也谈及日本与欧洲在饮酒习惯上的不同:"我们喝葡萄酒都要冷却,在日本,一年之中不管什么时候喝酒都是要加热的。"(《日欧文化比较》)

从世界范围来看,绍兴酒一般不会在夏季加热喝,然而江户时代的日本却一整年都要喝温酒。

清酒煮热以后会略微散发出清香,口感也会变得更加温和。此外,酒的味道会随着温度的不同而发生微妙的变化。俳人雀庵在他的《嗻草》(江户末期)中写道:"给酒加热被称作"燗"(おかん),所谓'燗',指的是把酒加热到既不热又不冷的中间状态。"也就是说"燗"指的是一种不冷不热刚刚好的温度。

江户人喝的是温酒,以卖酒为业的居酒屋在热酒这件事上颇下了功夫。

2. 在温酒上下功夫的居酒屋

曲亭(泷泽)马琴的《无笔节用似字尽》(1797)描绘了居

酒屋老板用铜壶加热铫鳌里的酒。（图91）

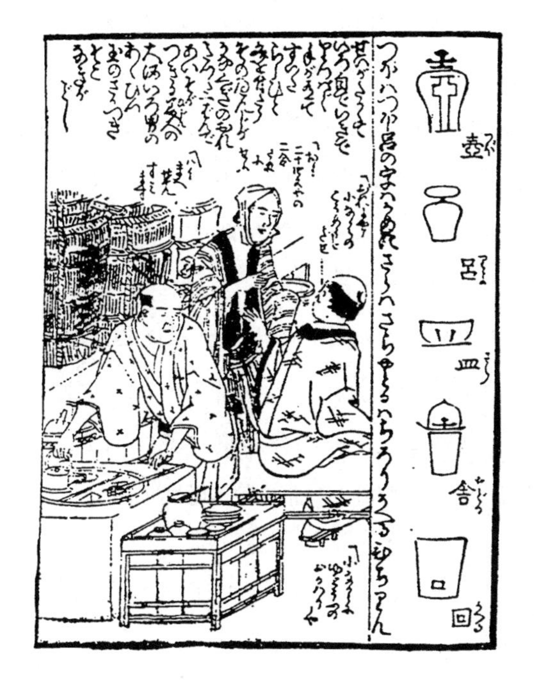

图91　用铜壶加热酒壶里的酒。店主正在从铜壶里取出铫鳌。（《无笔节用似字尽》）

温酒时需要先用炭火加热铜壶里的温水，然后以温水加热酒壶里的酒。以这种隔水加热的方法，酒被间接、缓慢地加热，所以味道不会流失，还能够将香气唤醒，并且加热到自己喜欢的温度。

居酒屋甚至有专门负责温酒的人。

下文提到的《六阿弥陀诣》（图94）和《金草鞋》（图96）描绘的居酒屋，温酒处有专门的温酒师傅，正在用铜壶加热酒壶。

还有些店铺会在酒壶上下功夫，以减缓酒冷却的速度。《拾遗》（1824）提到的“镰仓河岸丰岛屋酒馆”，为了让酒不那么快变冷会“将温过的酒壶放在热水桶里端上桌”。以丰岛屋为代表，有很多居酒屋非常重视这一点。有些客人会因为“酒没温好”让店家重新加热，或者直接要求“酒要热透”。

俗话说“酒要温，菜得是刺身，斟酒需要美人”（酒は燗、肴は刺身、酌は髱）。说的就是酒要温得刚刚好，用刺身做下酒菜，然后有美女在旁斟酒，这是最佳的搭配。对喝酒的人来说如果这三样都齐全那便是极致了。刺身是在文化年间（1804—1818）登上居酒屋菜单的，所以在居酒屋吃着刺身，喝上一杯温度适宜的温酒不难，但是想要美人斟酒恐怕不太可能。当时似乎没有人会与女子一起去居酒屋喝酒。居酒屋之中虽然有夫妇一起经营的，但是一般情况下店员都是男性，上酒和服务的也都是男性（图92）。

图92　端酒上菜的男性。（《浮世酒屋喜言上户》，1836）

有句云："男性天地居酒屋，可恣意尽情。"（居酒屋は男世帯で気かつよし，万句合，1767）

《皇都午睡》里提到"中低档的料理店、煮卖屋、居酒屋、荞麦面馆、曲艺茶馆皆无女性，传菜上菜的都是年轻男子"，可见在这些店铺都是没有女店员的。

江户时代酒客非常在意酒的温度，还创造了"极热燗""热燗""上燗""微燗"这些表示冷热程度的词语。所谓"上燗"指的是温度恰到好处，在江户的街市上，有专门卖上燗酒和关东煮的货郎走街串巷。

《守贞谩稿》里写到"上燗关东煮，专门卖温酒、煮魔芋块和烤豆腐串。江户还有卖芋头烤串的。不过做这种生意的外部形态大都很相似，所以就没有逐一加入插图"。《守贞谩稿》里虽然没有放插图，但是《黄金水大尽杯》第十六篇（1865）里描绘了这种生意人的样子（图93）。

日本酒业联合会中央机构（东京都港区）按温度的不同将酒温分为飞切燗（55℃以上）、热燗（约为50℃）、上燗（约为45℃）、微燗（约为40℃）、人肌燗（约为35℃）、日向燗（约为33℃），还用表格总结了各自的"香气和味道的特征"。

今天，大部分店铺都使用电或者燃气的温酒器来温酒，温过后再将热酒装进德利酒壶，隔水加热已经很少见了。即便是用热水温酒的居酒屋也没有几家还会对酒的温度那么讲究。还有现在的客人多会冷喝吟醸酒或者生酒，也不那么在乎温酒时酒的温度了。

图93　卖上燗酒和关东煮的小贩。将温酒倒进茶碗里按杯卖。(《黄金水大尽杯》第十六篇）

3. 居酒屋的饮酒姿势

十返舍一九的《六阿弥陀诣》第三篇（1813）里描绘了居酒屋的情况。这家店也是在入口附近挂了鱼，店员全部是男性。店内有两桌客人正在喝酒，左侧一桌的客人斜坐在长条椅上，一条腿盘起来坐着喝酒（图94）。对这种常见的喝酒姿势，有句云：

图94　居酒屋店内。右下角负责温酒的店员正在取出温好的酒壶。这家店也挂了鱼。(《六阿弥陀诣》第三篇）

片た足を仕舞て居酒呑んで居る

单足悬空乱挥舞，居酒屋饮酒

（居酒屋里喝酒的人，一只脚晃荡着）

万句合　1764

居酒屋の見世に呑でる矢大臣

居酒屋推杯换盏，矢大臣之姿

（居酒屋里喝酒的人看起来像是矢大臣）

柳六四　1813

矢大臣指的是被安置在神社外郭正门的两尊神像，因为这样的喝酒姿势跟神像很类似，所以用这个坐姿喝酒的人一般会被戏称为矢大臣。又因为这种姿势太常见了，后来甚至用矢大臣来指代居酒屋和煮卖屋。三马的《客者评判记》（1810）里就有“矢大臣指的是煮卖屋，是因煮卖屋里常有客人一条腿蜷起来一条腿晃荡着，样子很像神社的矢大臣而得名”。

《七癖上户》的卷首插图《百饮图》也画了这样的姿势，“煮卖店里的一名矢大臣”。（图95）

《金草鞋》第十五篇（1822）里面有一张图描绘了谷中一家居酒屋的情况（图96）。这家店也在门口挂着鱼和禽类，负责温酒的店员在用铜壶加热酒壶里的酒。

一共三拨客人坐在用屏风隔开的座位上，用酒壶互相斟酒。在

图95 矢大臣式的酒客。招牌上写的是“中汲 浊酒”。(《七癖上户》)

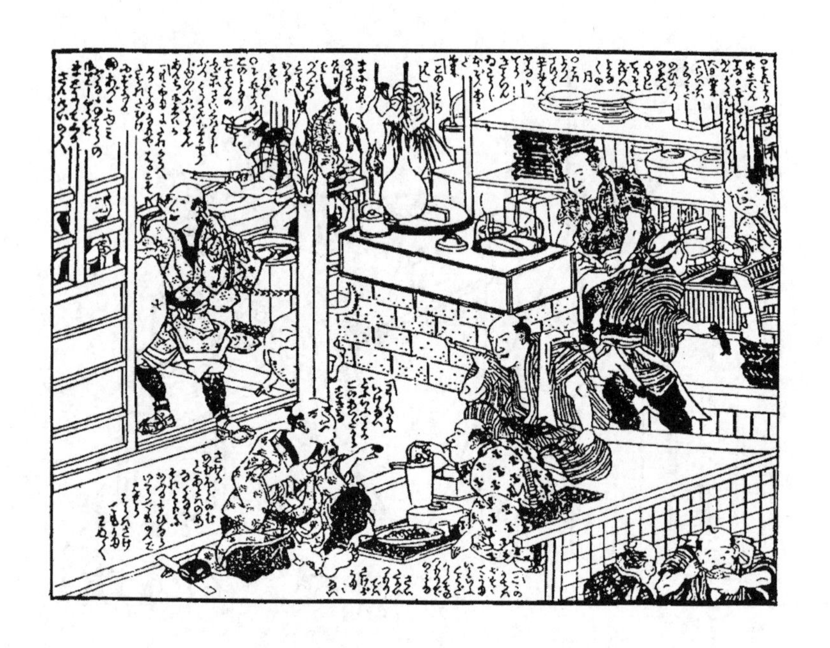

图96　居酒屋店内。一个大的铜壶安置在店铺的中央，专门用来温酒和加热火锅里的食物。(《金草鞋》第十五篇)

居酒屋里像这样，客人坐在略微高于地面的榻榻米上面喝酒的光景很常见。后方的店员正在做刺身。座位之间都用屏风隔开，没有铺坐垫。高级餐厅也是这样的，看来江户时代餐厅里都是没有坐垫的。

另外，店里没有桌子，装菜的托盘是直接放在座位上的。《六阿弥陀诣》里面也是直接将托盘放到坐席上。不止是居酒屋，江户时代的餐饮店里都是如此，当时的风格就是直接将装菜的托盘放到坐席或者长凳子上。现在一些历史剧里经常会出现用餐桌或者小桌子吃饭的情形，都是不符合史实的。

居酒屋还允许站着喝酒：

> 居酒屋は立ツて居るのが馳走なり
>
> 居酒屋之绝妙处，在站立把盏
>
> （居酒屋的好处就在于可以站着喝酒）
>
> 万句合　1758

像俳句中说的，有客人很喜欢站着喝酒。

人情本《珍说豹之卷》（1827）里描绘了一个走在纷飞大雪中的男人“走进了一家居酒屋，花四文钱买了一碗煮豆腐，要了很多辛辣的食物，站着喝了一会儿酒歇了歇脚，两合半的酒让他又恢复了精神”踏着雪上路了。这与结束了一天的工作以后，在空气都被冻住的严寒之中回家的路上到居酒屋歇个脚的现代人几乎一样。

4. 猪口的普及

在居酒屋喝酒用的不是普通的酒杯，而是一种叫作猪口的小酒盅。木制的红色漆器杯子是到中世[1]普及，开始出现在酒宴中。江户时代开始流行使用陶瓷的猪口。《和汉三才图会》（1712）里面“盏”一项解释为：“最小尺寸的杯子，一般称为猪口。大小尺寸不一，现在的人喝冷酒的时候会使用，也可以用来装拌菜和腌制食品。”猪口最早是用来喝冷酒的，后来逐渐普及，成了喝酒的一般器皿。

根据《羽泽随笔》（1824年左右）的记载：

> 最近很是流行一种叫作猪口的和制瓷器，一般排放在漆器托盘上。以往在富贵人家的宴席之上，是不会用猪口喝酒的，但是最近连侯爵、士绅家里的酒席也会使用。

《守贞谩稿》里面也有记载：

> 近年来漆制的木杯子已经很少见了，一般都是用瓷杯。京都、大阪地区现在只用“烱德利”[2]，搭配专用的瓷杯。这种瓷杯

---

[1] 日本的中世是从镰仓幕府成立（1185）到江户幕府成立（1603）这一时期。

[2] 烱德利，烫酒用的德利，一般为瓷制。

在京都大阪江户都被称为“ちょく”，汉字写作“猪口”。

文政年间（1818—1830），江户过往使用的漆器杯子逐渐被这种瓷质小酒盅取代，在宴会上身份不分高低贵贱都使用猪口。猪口在居酒屋的普及还要更早些。记录居酒屋早期风貌的《当风十谈义》（1753）中描绘居酒屋客人喝酒用的都是猪口（图105），前文介绍的插图上也都没有出现过漆制酒杯，漆制酒杯似乎与居酒屋氛围不是很相称。

另外，《守贞谩稿》里面解释猪口的读音为“ちょく”（choku），事实上在文化年间（1804—1818），猪口已经跟今天一样被称作“ちょこ”（choko）了。《七癖上户》“喧闹宴”（1810）的居酒屋就出现了“煮豆腐的器皿和猪口（ちょこ）摆在一起”的内容，其中猪口一词的读音被标记成“ちょこ”。滑稽本《花下物语》（1813）里“煮卖屋”的大叔也有台词：“不一会儿，铫釐、猪口以及小火锅就端上来了。”

5. 轮流共用的猪口

《六阿弥陀诣》和《金草鞋》里居酒屋的客人是用铫釐和猪口喝酒的，仔细观察可以发现这两张图里都只有一只猪口。《七癖上户》“喧闹宴”里画的“沉默的酒鬼”和“唠叨的酒鬼”两个人，也只是唠叨的那个拿着一只杯子说“你也来一杯”，劝着对方喝酒（图97）。

图97　两个客人在用一个猪口轮流喝酒。(《七癖上户》)

《浮世酒屋喜言上户》里描绘的一行三人进入居酒屋的场景里，铫釐和猪口一被端上桌，有一个人就率先用猪口喝了一杯，然后递给第二个人，第二个人喝了以后再传给第三个人。三个人都喝过以后，酒就不够热了，他们就叫来店员要求再烫一下酒。之后三个人继续用同一个猪口“轮流喝酒”（图98）。

日本自古以来习惯在神社举行祭祀活动后，将祭祀中供奉的

图98　三个客人用铫釐倒酒，用一个猪口轮流喝酒。(《浮世酒屋喜言上户》)

神酒和神馔撤下来摆宴席，称为“直会”。直会的时候也是很多人坐在一桌轮流使用一个大杯子喝酒。

这个习惯被平安时代的贵族沿袭，大家将酒杯从上座依次传递到下座轮流喝酒，称为顺杯。

这种喝酒方法一直传承到江户时代，大家会按照宴会的座位依次喝酒。有句云：

> 盃がどこらへ来たと料理人
>
> 料理人时刻关注，杯子在何处
>
> （料理人会看着杯子流转到谁手中）
>
> 柳八　1773

因为厨师要判断上下一道菜的时机，所以要关注酒杯轮转到哪里了。

江户时代的宴会会专门准备装满水的“杯洗”冲洗酒杯，后来猪口流行起来，轮流共用的习惯照旧，所以杯洗还是会提前准备好。《世之姿》（1833）里面说明：“杯洗是指一种装水的瓷器，一般可以容纳三到四个猪口，宾客和主人互相敬酒的时候，礼节周到。”山东京山的《教草女房形气》初篇（1846）里描绘了料理茶馆二楼酒宴的情形，杯洗被摆在向猪口里倒酒的人的旁边（图99）。

与此不同的是，在居酒屋里，轮流使用同一个猪口喝酒的时

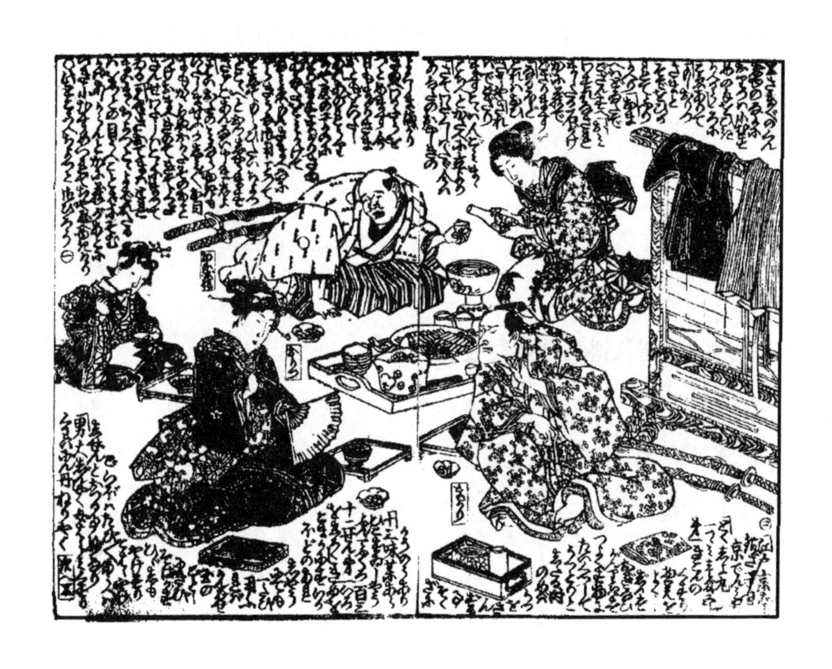

图99　倒酒的男性旁边摆着杯洗。(《教草女房形气》初篇)

候是不洗杯子的。

虽然对现代人来说，这是一个比较难以接受的习惯，不过对当时的人来说用一个杯子喝酒便于交谈，可拉近双方的距离，还可以掌握喝酒的量。虽然各自用自己的猪口喝酒的情况也会出现，但与今天不同的是当时不会碰杯，而是用给对方斟酒来表示亲切的态度。干杯的习惯是到了明治时代，从给对方的玻璃杯里倒啤酒、站着喝酒的风气开始以后才出现的（《酒的日本文化》）。

6. 温酒的容器从铫釐变成燗德利

居酒屋是用铫釐来温酒的。在居酒屋出现以前，煮卖茶馆和酒馆里就是如此，后来被居酒屋所沿袭。有句云：

ちろりにて心安きをさかなにて

飧用菜肴觉心安，手提铫釐

（提着酒壶吃菜觉得心安）

武玉川四　1754

こしらへ喧嘩ちろりが弐つみえず

居酒屋里起争吵，铫釐无处找

（居酒屋里有人吵架，丢了两个酒壶）

柳二一　1786

这些俳句讲的都是居酒屋里发生的事情。有心态放松拿着铫釐喝酒的客人，也有假装吵架趁乱拿着铫釐跑了的客人。

在居酒屋里，酒一般都是放在铫釐里温好之后直接端上桌的。不过正式的宴会或者料理店会先把铫釐里的酒倒进一种叫铫子的专用长柄酒壶里再端上桌。到了幕末，这个情况又发生了变化。《守贞谩稿》里有云：

京都大阪一带，现在正式的宴会或者稍微高级一些的料理店、妓馆都会使用铫子，很少会用燗德利了。但在江户，近年来只有正式的场合才会使用铫子，平时都还是用燗德利。使用铫子把酒温好直接端上桌子。新近才出现的瓷质酒壶铫子，壶口更长，便于把酒倒进燗德利里。而且不像铜铁等金属器皿，可以更好地保持酒本来的美味，因为直接上桌饮用，也便于保温。正式宴会时，一般一开始会使用铫子，一顺（轮流喝酒完成一轮）和三献（三次敬酒）等之后就转用德利。随着铫子的普及，铜质酒壶温的酒味道让人难以接受。大名在平常日子也用铫子了。

书里还配了铫釐、铫子、燗德利的图（图100）。

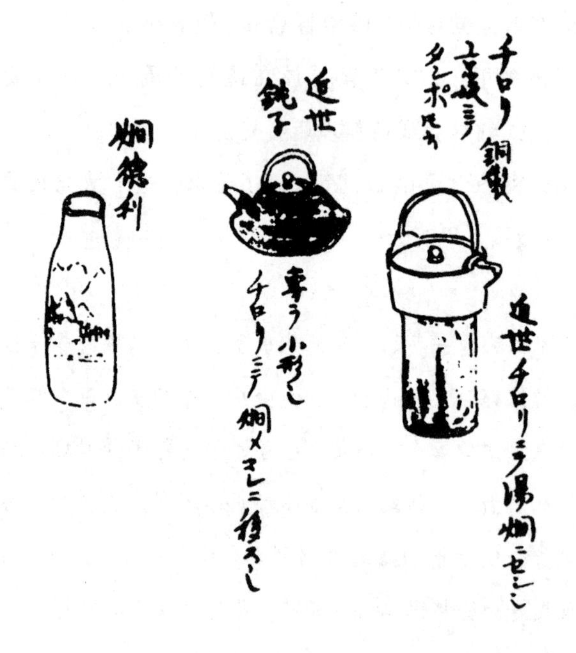

图100　铫釐、铫子、燗德利。铫釐是“到了近世以后才开始被用于温酒”，铫子的说明则是“一般先用铫釐把酒温好，再倒入铫子”。(《守贞谩稿》)

喜田川守贞于1837年开始执笔写《守贞谩稿》，到1853年完成，因此上文中记录的应该是那个时期的情况。京都、大阪地区普遍使用铫子，偶尔使用燗德利，但是在当时的江户，除了正式的宴会以外，还是燗德利比较常见。

铫子是正式场合使用的，但在宴会中，客人用同一个猪口依次喝了一圈，或者三次敬酒完成之后，一般就会转用燗德利。这就是上文中《守贞谩稿》记录的情形。

因此在江户，燗德利是宴席上的常客。《守贞谩稿》里还提到人们习惯了用燗德利喝酒以后，就会觉得用铜制铫鳌温的酒难喝。如果我们把燗德利和铜制铫鳌所温之酒进行比较的话，会发现其实并没有那么大的差别。燗德利的酒虽然口感上更温和一些，但相较之下铫鳌里的也绝谈不上难喝。也许江户时代的酒壶跟今天的在制造工艺上有差别吧。

关于燗德利的名字来源，《东海道四谷怪谈》（1825年初演）应该是最早提到“燗德利”的，另外天保末年有这样的句子流传：

> 我知らず振る替り目の燗德利
>
> 确认酒量有多少，晃动燗德利
>
> （摇晃着德利酒壶确认还剩多少酒）
>
> 新编柳多留十四　1844

此句描述的是客人晃动着酒壶确认还剩下多少酒的样子。这个情形到今天也经常能看到。

今天我们在居酒屋点酒的时候会用“来一铫子”等说法，这是因为装酒的容器从铫子变成燗德利的过程之中，燗德利的称呼逐渐变成了铫子。《春色恋廼染分解》第二篇（1860）里面使用的还是“德利”，但假名标注的是“おてうし”（铫子）。

在这样的时代发展背景下，燗德利开始登陆居酒屋。《教草女房形气》第十篇（1851）的“煮卖屋”里，客人就在用燗德利喝酒（图 101）。一个女性客人在喝着“一人手酌的茶碗酒”，燗德利的普及甚至衍生出了“一人手酌”这样的词语。

嘉永年间（1848—1854）居酒屋也开始使用燗德利，不过还有很多居酒屋使用铜制铫鳌。

在居酒屋，使用铫鳌温好的酒直接端上桌，酒也不容易冷却，在这一点上与燗德利相比并没有分别。如果不追究味道的差异，居酒屋其实没有必要把铫鳌都换成燗德利。

到了明治时代，居酒屋里的燗德利开始普及。《今朝春三组盏》初篇（1872）里的居酒屋，温酒处用来温酒的容器已经不再是铫鳌，而是燗德利了。店主坐着温酒，画面中的情形与江户时代已经大不相同。客人也是用燗德利在喝酒（图 102）。

在餐馆等的宴会上，文政年间（1818—1830）已经像今天一样都用燗德利和猪口喝酒了，但是这两个器皿在居酒屋的普及是明治以后的事情了。而且那之后铫鳌也并没有在居酒屋销声匿迹，而是存在了很长一段时间。虽然跟江户时代带盖子的铫鳌不

图101　用燗德利喝酒的客人。“煮卖屋”二层的风貌，一位女性客人正在“一人手酌茶碗酒”。(《教草女房形气》第十篇）

图102　燗德利在居酒屋的普及。温酒处已经不再使用铫釐，而是用燗德利温酒。（《今朝春三组盏》初篇）

太一样，但是直到今天还有一些居酒屋在使用铫釐。

古装剧里出现居酒屋的场景时，经常会有角色使用燗德利喝酒，其实每个时期差异很大，希望能加以区分。

十五

居酒屋的菜单

1. 汤品和酒菜

我们经常看到居酒屋的招牌上写着“御吸物”“御取肴”的字样。《七癖上户》里居酒屋的屏风上也写着“御吸物”“御取肴”（图89），《金草鞋》第十五篇里描绘的店铺门口摆出的灯箱上也写着“御酒肴”“御吸物”“御取肴”的字样（图103）。

正如《广辞苑》里解释的“现在多指高汤”，如今吸物（汤品之意）一般指的是煮好的高汤，但江户时代并非如此。

《守贞谩稿》里记载：“吸物，古指羹类。今之吸物有二者，味噌汤与高汤。不与饭同食，乃是饮酒时之配菜也。”

在江户时代，无论什么烹饪方式，一般与酒类搭配的餐品称为“吸物”（酒菜），与米饭搭配的小吃称为“汁”（下饭菜）。“一汁三菜”指的是米饭与下饭菜（三种）搭配组成套餐的意思。

居酒屋里提供的汤其实是用来下酒的，所以一般会在招牌

图103　写有“御酒肴”“御吸物”“御取肴”的招牌。（《金草鞋》第十五篇）

上写“吸物”的字样，河豚汤、葱段金枪鱼汤、鹰肉汤等都是常见的汤品。还有很多居酒屋是提供米饭的，所以在招牌上写“高汁”“河豚汁”的店铺也不少。有很多客人会在居酒屋吃主食，“煮卖屋”的店主会说“我家的吸物里河豚汁非常好吃”（《花下物语》，

1813），所以在居酒屋“汁”和下酒的“吸物”其实是混用的。

而取肴本来的意思是把菜放到盘子上端上桌，供客人分别取走食用的意思，现实情况是这个词被用来指代下酒菜。和歌山的医师写的幕末时代江户见闻《江户自慢》就讲到在江户“取肴指的是撮物（つまみ，下酒小吃）的意思”。到了幕末才有“撮物”这个词。

还有一些居酒屋会把下酒菜的种类写到看板上。《鸡声栗鸣子》（1851）里，居酒屋门前立了一块非常大的屏风，上面写着“御吸物、御酒肴、刺身、锅物”（图104）。

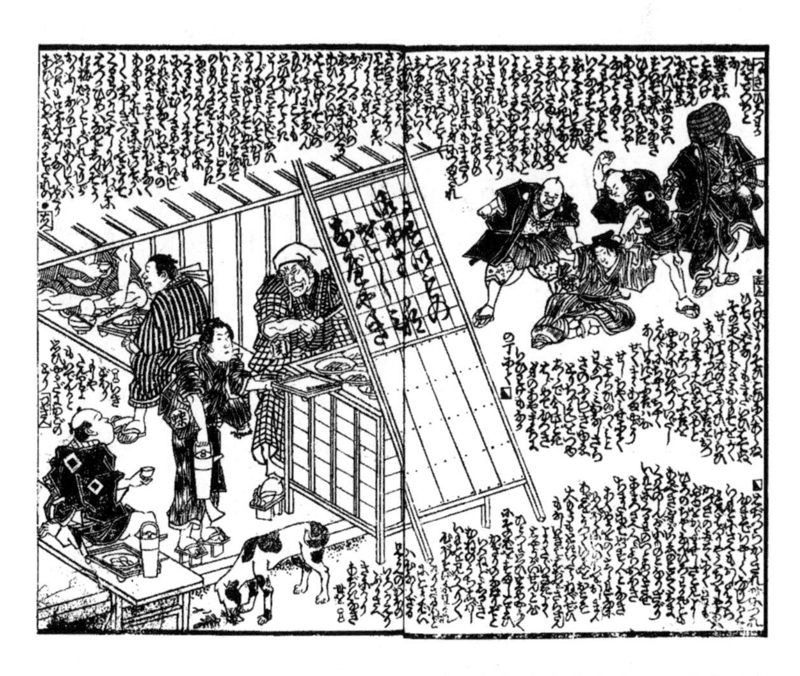

图104　居酒屋门口立着的屏风上写着菜单。年轻的店员小伙子正要端酒壶和菜上桌。左下方凳子上坐着喝酒的是下级武士。（《鸡声栗鸣子》）

截止到文化年间，居酒屋提供什么餐品是很容易查到的，最常见的有“河豚汤、河豚鳖汤、鮟鱇鱼汤、葱段金枪鱼汤、金枪鱼刺身、汤豆腐、豆腐渣味噌汤、翻煮芋头”等。其中翻煮芋头我们已经在前文中详细介绍过了，下面介绍一下其他的主要菜品。

2. 河豚汤

（1）从上古时代就开始吃的河豚

根据《日本绳纹时代食粮总说》的记载，共有43处绳纹时代遗址出土了河豚的骨骼。河豚有毒，但是日本人还是从远古时代就食用它，虽然也有人中毒，但是同书中记载，“当时应该是有避免中毒的烹饪经验，不过还是有相当一部分人死于河豚毒素”。

关于河豚料理的记载，最早可以在16世纪后半叶的料理书《大草家料理书》中看到。书上记载“因为一些原因，关于河豚汤的做法无法介绍”。书中收录了河豚汤，但却不能介绍做法。这是因为当时的武士虽然会吃河豚，可是在明面上对吃河豚还是很忌惮的。

三浦净心的《庆长见闻集》（1614）中有关于“河豚之肉有毒”的介绍，收录了包括武士在内的各个阶层因食用河豚汤而中毒身亡的例子，这说明江户初期人们是会吃河豚的。明知河豚有毒还是会品尝河豚汤的人逐渐增加。假名草子[1]《可笑记》（1642）里称赞过吃“河豚高汤”的人，也讲了有人吃了之后不一会儿就腹泻、呕吐甚至险些丧命，喝了热水冲泡的樟脑粉才逃过一劫。

河豚（日语读作fugu）又被称作“ふくとう”（fukutou）或者“ふくと”（fukuto），松尾芭蕉也是吃河豚汤的，

あら何ともなやきのふは過てふくと汁

食河豚惴惴不安，今万幸无恙

（什么也没发生，终于度过了吃河豚后的危险期）

桃青三百韵　1678

昨天吃了河豚之后非常担心，好在到今天为止什么都没发生，一直悬着的心总算放下来了。松尾芭蕉吃河豚汤的时期，还有很多小贩会沿街叫卖，有句批评道：

ふぐ売や人の命を棒にふる

草菅人命河豚商，其罪责深重

（卖河豚的人等于向别人头上挥棍子）

江户弁庆　1680

---

[1] 假名草子，以假名写成的通俗文学。

（2）河豚汤登上煮卖屋的菜单

食用河豚汤的人越来越多，天竺浪人平贺源内在其著作《根南志具佐》（1763）中感叹：

> 总体上看，古时人颇为质朴，故而对食用有毒之物心存忌惮，对河豚如蛇蝎般避之犹恐不及。而后人心逐渐放浪，虽知其毒而食之。朝堂甚忧之，食河豚而亡、其家以严律惩之。

然而并没有什么效果，事实上，“大路之上有人叫卖河豚，煮卖店也公然销售，甚是蔑视上方的政令”。

很快，很多煮卖店也开始卖河豚，这意味着在这个时期煮卖店里是可以买到河豚汤的。

1753年《当风十谈义》里描绘了一家店铺卖河豚汤的情形，图中的店铺是在浅草寺辖域的年市（每年十二月十七日、十八日开放）上开的简易店铺，屏风上写着“河豚的吸物”，招牌上则标有“上等诸白”（图105）。从这里我们也可以知道当年是有河豚汤店的。《风俗八色谈》（1756）里也有“一杯酒八文，浇汁荞麦面十六文。还有河豚汤品和沙丁鱼芥末鱼类凉菜”的内容，可见当时的河豚汤并不贵。

洒落本《汇轨本纪》（1784）记录了日本桥鱼市场繁荣的样子，描述了客人“买到新鲜的河豚”带到“煮卖屋”的情形。河豚汤

图105　屏风上写着“河豚吸物”，左下方的招牌上写着“上等诸白”。(《当风十谈义》)

逐渐成为煮卖屋的常规菜品，《忠臣藏前世幕无》（1794）“煮卖屋”的招牌上写着“御酒、御吸物、河豚汤、泥鳅汤”（图106）。

河豚汤在寒冷的冬季和酒做搭配特别受欢迎。《爱敬鸡子》（1814）里面描写一个走进居酒屋的客人说“来点能暖身体的”，店里的人回答说“有葱段金枪鱼、鸭汤还有河豚汤”。有句云：

> 居酒屋の大手鉄砲ならべとく
>
> 居酒屋大手门前，高悬大铁炮
>
> （居酒屋的正门前面，挂着一排河豚）

柳一〇二　1828

图106　招牌上写着“河豚汤”的居酒屋。(《忠臣藏前世幕无》)

大手指的是城的正门，说的是居酒屋的正门上挂着河豚。

句子里用铁炮来指代河豚。关于这个名字《物类称呼》（1775）里记载，“在江户里被俗称为铁炮。触者即死之故也”，也就是说因为吃了河豚会立刻丧命而得名。

还可以找到句子：

> 鉄砲と名にこそ立れふぐと汁
>
> 以大铁炮称河豚，名副其实
>
> 宝船　1703

河豚被俗称为铁炮始于元禄时代（1688—1703）。

3. 河豚鳖汤

根据《江户料理事典》的记载，鳖汤本来是“以甲鱼为食材，以油炒过后，用酱油、白糖、酒等调味的浓汤炖煮，加入生姜烹饪而成的煮制菜品。加其他食材用同样的料理方式煮制的菜品也被称为鳖汤或类鳖汤”。

《皇都午睡》里记载“上方（关西地区）的烹饪手法翻煎在江户被称为翻煮，以鱼作为材料翻煮而成的叫作鳖汤”，所以在居酒屋中出售的鳖汤，其实可以指代用上文的方法烹饪而成的鱼类汤品。

在居酒屋里，菜单上经常会出现“潮前河豚鳖汤”。《七癖上户》“喧闹宴”里客人问有什么菜品的时候，店员回答“潮前河豚鳖汤”。上文中还有多处提到煮卖酒馆菜单里有“潮前河豚鳖汤”(《四十八癖》)。

据说能够在日本捕获的河豚超过20种，主要用于食用的是虎河豚、紫色东方鲀、虫纹东方鲀[1]、兔头鲀等。潮前河豚广泛分布在本州、四国、九州的沿海海域。

《本草纲目启蒙》(1803)里对“潮前河豚”的解释是“身形较小无毒、海边渔民捕获之后，侧切开腹，去除内脏后食用”。潮前河豚在东京湾地区也可以捕获，是小型河豚。记载东京湾区域“海产类别”的《武江产物志》(1824)里提到，“河豚鱼，有品川河豚、潮前河豚”。到今天东京湾依然可以捕获到潮前河豚，不过在江户时代作为食材更为人们所熟悉。《本草纲目启蒙》里记录潮前河豚“无毒”，但事实并非如此。根据《原色鱼类大图鉴》的记载，“肝脏、卵巢有剧毒。皮、肠毒性强烈。肉微毒，睾丸无毒”。潮前河豚在当时是河豚汤的原料。有句云：

> 鉄砲をすつぽん煮には打てつけ
>
> 河豚入汤甚美味，铁炮打鳖煮

[1] 虫纹东方鲀，日文称“潮前河豚”，下文采用日文说法。

（把河豚放入鳖汤里）

柳九二　1827

这个句子是从河豚被俗称为铁炮联想而得的，意思是河豚非常适合用来做鳖汤。

4. 鮟鱇汤

（1）高档鱼鮟鱇

《古今料理集》（1670—1674）里面记载："鮟鱇，上等珍品鱼。"可见鮟鱇鱼是专供给上等人的高档食材。《大和本草》（1709）里记载，鮟鱇鱼"多产自大阪东部，尤为珍贵。本州西侧罕有。可制羹。味甚美，为上品。冬季味佳，春季味淡，《宁波府志》中云者甚是"。鮟鱇鱼作为鱼类中的上品，主要是关东地区在享用。

《风俗文选》（1706）里记录"鮟鱇、河豚之类。体型较大，肉可食，称之为鮟鱇汤品，不甚妥当"。说的是鮟鱇和河豚都是以食用其肉为主，被称作"鮟鱇汤""河豚汤"，其实是很不贴切的。由此可以知道"鮟鱇汤""河豚汤"是两种鱼类的代表性吃法。

鮟鱇的肉质比较柔软，进行分解处理时，要将鱼吊挂着切开，将肝和内脏、肉等分开。

りやうり人つるして置てふわけする

高悬之庖丁分解，料理鮟鱇鱼

（厨师把鮟鱇鱼挂起来处理）

万句合　1779

《贞德狂歌集》（1682）等很多书籍都描绘了这样的场景（图107）。《本朝食鉴》中不但详细记述了处理方法，还记载“近世，特供上膳的都是冬季捕获的。将军家的厨房也可享用，价格昂贵。春季价低，普通民众亦可食用”。可见鮟鱇鱼价格昂贵，当季的时候普通民众是消费不起的。

图107　吊挂着庖解鮟鱇鱼。（《贞德狂歌集》）

（2）鮟鱇出现在居酒屋的菜单上

高档鱼鮟鱇逐渐成为普通的大众鱼，最终出现在居酒屋的菜单上。

1775年的《放荡虚诞传》记载了很多时代巨变，其中之一就是“贵人的河豚汤，居酒屋的鮟鱇”。到了这个时期，身份地位较高的人开始吃河豚了，居酒屋却迎来了鮟鱇的时代。

文化年间，鮟鱇鱼几乎成为居酒屋菜单上的常规菜品，十返舍一九在《落咄见世开》（1806）里写到，居酒屋的店主告诉客人店里有“鮟鱇鱼汤”，三马的《七癖上户》“喧闹宴”里也提到去了“煮卖屋”，“挂起来分解鮟鱇鱼的场面令人难受，像是桀和纣的料理”，把煮卖屋里面吊挂着肢解鮟鱇鱼的情形比作了中国古代暴君的行径。

鮟鱇の鰓をつるは恥でなし

引鳃高挂鮟鱇鱼，观之觉汗颜

（鮟鱇鱼从腮部被挂起来的样子让人看着难过）

柳四五　1811

鮟鱇も呑みたさうなる居酒見世

居酒屋内鮟鱇鱼，也变盘中餐

（鮟鱇鱼也变成了居酒屋里的下酒菜）

柳八六　1825

居酒屋は鰓を釣すを見へにする

居酒屋外鮟鱇悬，以此为卖点

（鮟鱇鱼被挂在居酒屋的店外作为卖点）

柳一六〇　1838—1840

居酒屋会将鮟鱇鱼挂到店头，作为卖点揽客。

下文将展示的《大川仁政录》初辑（1854）里面描绘的居酒屋，店铺外推窗里就挂着鮟鱇鱼（图112）。

5. 葱段金枪鱼

（1）被当作下等鱼类的金枪鱼

《古今料理集》（1670—1674）中记载，“金枪鱼，下鱼也。不堪品味”，认为金枪鱼是下等鱼类，不能够成为权贵人家的食材。虽然时代不同了，这个印象却延续了下来。《汇轨本纪》里也记载，日本桥鱼市“鲷鱼呈贡给诸侯，金枪鱼是下贱食材”。鲷鱼代表了高贵者享用的鱼类，而金枪鱼则作为下等鱼类的代表被列举出来。虽然都是鱼类，鲷鱼和金枪鱼之间几乎是云泥之别。从今天金枪鱼昂贵的价格看，恍如隔世。

うれしやな　しゆびよく売つたまぐろ売

清仓后鼓舞欢欣，金枪鱼商人

（完售后金枪鱼商人欢欣鼓舞）

和歌　1723

享保年间（1716—1736）金枪鱼小贩经常会沿街叫卖。金枪鱼价格低廉，根据小川显道《尘冢谈》（1814）的记载，1734年金枪鱼的价格是“二百二十四文，大金枪鱼半条，连骨带头”。这是显道的祖父留下来的“小遗账”中记载的价格，里面还记录了1734年的一分折合为“一贯二百六十文钱”，1731年的米价为一分“白米三斗九升”。以现在的米价换算可知，半条大金枪鱼大概花5000日元就可以买到了。

正如《江府风俗志》（1792）记录的那样，“延享年间早期（1744年前后），红薯、南瓜、金枪鱼皆为下等食物。商人和正面店铺都以食之为耻”。金枪鱼是住在背街出租屋里的人吃的食物，卖金枪鱼的小贩也是沿着长屋旁边的小路叫卖。

金枪鱼的处理方法也非常粗糙，有句云：

まぐろうり安イものさとなたを出し

柴刀料理金枪鱼，阶层正相宜

（便宜的金枪鱼正适合用柴刀处理）

万句合　1771

一个男子正挥着柴刀切开金枪鱼卖（图108）。另外，随意砍开的大块，被摆放在砧板上叫卖（图109）：

图108　金枪鱼商人。挥着柴刀准备切金枪鱼。图上的文字是“分解金枪鱼的地方”。(《柳樽》第七篇）

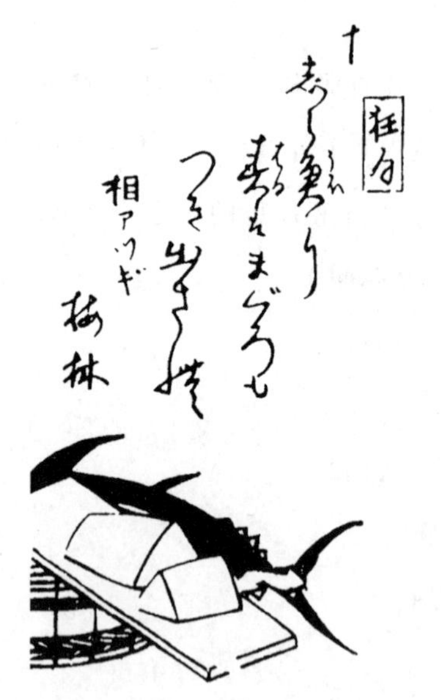

图109　金枪鱼摊贩。切开的金枪鱼块被摆开出售。图上写着“白鱼店里春天也会卖金枪鱼”。(《种瓢》第八集）

どっちても御取りなさいとまぐろうり

商人大叫随意取，金枪鱼切块

（金枪鱼商人大喊随便拿哪一块都行）

万句合　1781

まぐろ売おろすと犬が寄て来

商人卸下金枪鱼，引得狗前来

（一开担卖金枪鱼，狗就会围过来）

川傍柳四　1782

金枪鱼块被摆出来之后，狗会闻着气味过来。

正如《俚言集览》记载的那样，金枪鱼在“江户附近诸国，相模、伊豆、安房、上总、下总的海里可以捕获，在江户销售”，再从这些藩国通过海运运往江户。所以经常会保鲜效果差，导致

まくろうり生きて居るとはいいにくひ

气味如行尸走肉，金枪鱼商人

（金枪鱼商人身上的味道不像活人）

万句合　1765

卖金枪鱼的摊贩是非常不容易的。

まくろうりきつはしなとを喰て見せ

为证金枪鱼肉未腐，鱼商亲口吃

（卖金枪鱼的商人为了证明鱼肉新鲜，自己表演生吃）

万句合　1764

将切开的金枪鱼块咬着吃几口，向客人证明自己卖的鱼没有变质。

塩まくろねぎりたらいて内義でる

盐渍金枪鱼降价，引得妇人来

（盐渍金枪鱼一降价，就会招来妇人光顾）

万句合　1769

塩まぐろ取廻ているかかあたち

妇人争相来抢购，盐渍金枪鱼

（争相抢购盐渍金枪鱼的妇人们）

川傍柳一　1780

盐渍金枪鱼一降价，长屋里的妇人们就会从屋子里出来，有些太太还会团团围住卖鱼的人。

这样买回来的金枪鱼，多被拿来烤制或者煮制。

になさるかやきなはるかとまぐろうり

或煮或烤端上席，买回金枪鱼

（买回来的金枪鱼可以煮或者烤着吃）

万句合　1767

塩まくろやけばありたけねこが寄り

烤制盐渍金枪鱼，野猫寻味来

万句合　1778

猫のまん中に焼てる塩まぐろ

烤食盐渍金枪鱼，引得猫围攻

（烤食盐渍金枪鱼的香气引来猫围观）

川傍柳一　1780

（2）出现葱段金枪鱼之名

正如“葱段金枪鱼，加昆布以油煎之”（《大千世界乐屋探》，1817）所说的那样，人们普遍认为金枪鱼与葱是很搭的。江户的百姓以低廉的价格购买到金枪鱼之后，会在煮制时加入葱作为辅菜。

こちらはねぎにまぐろのゑびす構

葱段金枪鱼味美，以之祭财神

（葱段金枪鱼味美可以用来祭财神）

万句合　1759

祭财神指的是每年十月二十日商家为了祈祷商业繁荣举行的祭神活动，一般会邀请亲朋好友参加宴会，而句中所说的宴会餐品是葱段金枪鱼，说明这次的祭财神活动比较质朴。

此どてゃいくらだとねぎ下げて居る

手持葱归家路上，问价金枪鱼

（放下手里的葱询问价格）

万句合　1782

这是1782年的俳句，描述的是一个手里拿着葱的男子要买金枪鱼块，正在问价格的样子。他应该是打算买了金枪鱼块之后带回家跟手里的葱一起煮着吃。

不久以后金枪鱼和葱放在一起煮的料理的名称被确定为“葱段金枪鱼”（ねぎま）。早期的例子可以在山东京传的黄表纸[1]《花东赖朝公御人》（1789）中看到。里面记载着一个角色说到“我果然还是来一份葱段金枪鱼加上热酒一壶吧”。可以知道在这个时期“葱段金枪鱼”这个名称已经广泛使用了。

（3）居酒屋菜单上的葱段金枪鱼

葱段金枪鱼也终于登上了居酒屋的菜单。1799年发行的《侠

[1] 黄表纸，江户中期以后流行的一种绘本。

太平记向钵卷》里描绘了一股脑儿涌上“煮卖屋外卖单”的“煮豆腐、葱段金枪鱼、带着标号的酒壶”被送到家的场景。一个很大的圆盆上能看到一个带盖的大平碗，里面应该就是葱段金枪鱼了（图110）。

图110　葱段金枪鱼碗。前面圆盆里面放着的黑色带盖大平碗装的应该就是葱段金枪鱼。(《侠太平记向钵卷》)

这个时期居酒屋应该已经开始卖葱段金枪鱼了，但是葱段金枪鱼进一步成为居酒屋的常规菜是以1810年金枪鱼大丰收为契机的。

根据文献的记载，这一年金枪鱼被大量捕获。石塚丰芥子收录了文化、文政年间（1804—1830）街头巷尾流传的故事，写成了《街谈文文集要》(1860，书名里面的“文文”是文化、文政之意）。里面“鲔大渔为山”（金枪鱼大丰收堆积如山）一篇详细地记录了当时的情形。书中写到“文化七年（1810）十二月月初开始，金枪鱼所获极丰，捕获之鱼大至闻所未闻。日装船一两千之多”，此外，还记载了金枪鱼以低廉的价格出售的情形。另外还收录了大田南畝（蜀山人）下面的这篇文章。虽然文章比较长，但是它清楚地记录了当时的情形，所以这里全文引用如下：

> 腊月初开始金枪鱼被大量捕获，每日送抵本船町新场（日本桥鱼河岸）之鱼有数千条之多。平日需四贯文左右之鱼，现一条八百、一贯文即可购买，价格甚廉。运抵本船町之鱼一日甚至达到四万条之多。各十字路口都有站立叫卖者，按照近来三十八文的定价习惯，将鱼切开为几块摆好，摆出三十八文的价签任客人挑选。居酒屋内以四文出售，甚至低于豆腐的价格，所以最近买豆腐吃者寥寥。天下皆是金枪鱼。各家各户为正月存用，以盐渍之，家中存货如山。此等情形，八十老翁也见所未见。蜀山人。

金枪鱼从十二月初开始大丰收，每天有四万条运抵鱼河岸边。金枪鱼块以每块三十八文的价格出售，在居酒屋里吃金枪鱼甚至比吃豆腐还便宜，所以都没什么人买豆腐了。各家各户用盐腌制金枪鱼屯起来留着正月用。

居酒屋里客人不再吃豆腐这个事情暂且不谈，在渔业大丰收的情况下居酒屋里便宜的金枪鱼料理受到了欢迎。关于居酒屋卖的是金枪鱼的什么料理没有记载，但是大概率就是葱段金枪鱼了。

之前居酒屋一直都是用带盖的大平碗装着葱段金枪鱼端上桌的，后来葱段金枪鱼火锅出现了。《浮世酒屋喜言上户》（1836）的“升卖居酒屋”里面，客人询问“有没有葱段金枪鱼”，店员念叨着“有的有的，小火锅一份”，端着葱段金枪鱼火锅上桌了。

《大晦日曙草纸》第六篇（1841）里描绘了“煮卖屋”店内的情况，登场角色被“葱段金枪鱼的香气吸引”走进“煮卖屋”，点了店里面两拨客人正在吃的葱段金枪鱼火锅（图111）。

图111　两拨客人正在吃葱段金枪鱼火锅。（《大晦日曙草纸》第六篇）

葱段金枪鱼火锅逐渐成为居酒屋的人气菜品，一部分居酒屋开始把这道菜当成卖点。《大川仁政录》初辑（1854）里画了一家居酒屋，屏风上写着“金枪鱼火锅”，两个同行的客人正在食用葱段金枪鱼。这家店左侧的外推窗上挂着鮟鱇鱼（图112）。

图112　屏风上写着“金枪鱼火锅”的居酒屋。两个客人面前摆着葱段金枪鱼火锅。(《大川仁政录》初辑)

虽然有居酒屋会卖葱段金枪鱼火锅，但是还没有一边煮一边吃的。所以当时在居酒屋里应该是不提供边煮边吃的葱段金枪鱼火锅的。

6. 金枪鱼刺身

（1）在江户时代广受欢迎的金枪鱼刺身

金枪鱼基本上是煮制或烤制的，不过生食的刺身也很受欢迎。

关于吃金枪鱼刺身，《料理物语》（1643）里介绍了“刺身”的料理方法，《当流节用料理大全》（1714）里也记载了“目黑，乃是刺身也”，可知金枪鱼在很早的时期就被做成刺身食用了。“目黑”指的是小金枪鱼。

此外，《料理纲目调味抄》（1730）里面也记载“鲔（めじか）很早就在江户府被做成刺身食用，甚至早于鲣鱼”，可见金枪鱼在煮制和烤制食用的同时，也被做成刺身食用。鲔与目黑一样是小金枪鱼的意思，但是在这里泛指金枪鱼。

在江户，金枪鱼刺身逐渐受到欢迎，甚至达到了“不要再用盐腌制金枪鱼，要做成刺身才好卖”（《宝历现来集》，1831）的程度。

金枪鱼之所以能够在江户广受好评，当然有“江户附近诸藩国”能够捕捞到大量金枪鱼的原因，跟鲣鱼也有很大关系。江户人当时有花大价钱买“初鲣”（初夏最早上市的鲣鱼）做成刺身的风潮。在江户还出现了只卖鲣鱼和金枪鱼刺身的“刺身屋”。

《守贞谩稿》第五卷（生业上）里介绍“现如今江户出现了京都、大阪都从未有过的生意”，其中之一就是“刺身屋”，书里解释说“刺身屋，专卖鲣鱼或金枪鱼的刺身，只经营这一种业务的店铺。钱五十文、百文定额出售。质糙者或为料理屋降价出售”。金枪鱼与鲣鱼一样都是肉质呈红色，味道也相近。人们喜食鲣鱼刺身的习惯延续到了金枪鱼的身上。

此外，金枪鱼刺身在江户受到欢迎还有一个理由是，江户距离渔场近，可以买到新鲜的食材。十返舍一九曾写到“伊丹、池田来的下行酒，配江户前新鲜的酒菜”喝上一杯是最好的（《杂司之谷纪行》，1821），还有一句前文提到的俗语“菜得是刺身，斟酒需要美女”。

在江户金枪鱼刺身比鲷鱼还要受欢迎，《守贞谩稿》里关于“刺身”的记载里介绍，金枪鱼在京都、大阪一带是“低档的食物，中等以上地位的人或者宴会上都不会食用。金枪鱼更不会拿来做刺身”，但是“在江户重要的节日会使用鲷鱼，平日里只吃金枪鱼”（后集卷之一《食类》，图113）。

图113　“京坂刺身”与“江户刺身”。图上文字是“夏天生鱼会淌血水所以在江户会在肉下面铺上小苇席或者小竹帘”。（《守贞谩稿》）

所以即便到今天东京依然比京都、大阪更偏爱金枪鱼。根据2012年总务省的《家计调查年报》中《家计收支篇》的调查结果，一个家庭（至少两人）年度购买金枪鱼的支出全国平均在5113日元，东京都区内为8068日元，京都市为3025日元，大阪市为4354日元。东京的消费金额远远高于大阪和京都。今天的东京市民延续了江户时代对金枪鱼的青睐。

（2）金枪鱼刺身登上居酒屋的菜单

由于金枪鱼刺身在江户受到了广泛好评，所以居酒屋也开始供应。可以推算在金枪鱼大丰收的1810年，当时的居酒屋已经开始出售金枪鱼刺身了，不过有确切证据的要在那之后一段时间。十返舍一九的《堀之内诣》（1814）里面出现了一家摆着“金枪鱼刺身”的居酒屋，这是早期的例子之一。还有前文提到的《四十八癖》第三篇（1817）里的“煮卖酒馆”也提供“金枪鱼刺身”外卖。

居酒屋提供的最早的刺身菜品就是金枪鱼。

1833年日本也捕获了大量金枪鱼。《南总里见八犬传》的作者泷泽马琴在他的小说《兔园小说余录》（1832）里记载：

> 天保三年（1832）壬辰之春，二月上旬到三月期间，目黑鱼（金枪鱼的一种）价格最为低廉。中等体量的金枪鱼，长约二尺五六寸到三尺许，小田原河岸市场上一条二百文的价格居多，转至小贩半条百文，小的八十文左右。街头巷尾叫

卖金枪鱼的人也很多。花区区二十四文可以买到两三人份的金枪鱼还有结余。时至今日，当时金枪鱼捕获数量之多还历历在目。

文中说的是金枪鱼获得了前所未有的大丰收，二尺五六寸到三寸（76—91厘米）大小的金枪鱼在小田原河岸（日本桥鱼河岸）一条卖两百文，半条卖八十至一百文。还有切开以后运往各处销售的，只要花二十四文就可以买到两三个人都吃不完的下饭菜。当时的荞麦面一碗要十六文，意味着一碗半荞麦面的价格就可以买到一家都吃不完的金枪鱼。

金枪鱼因低廉的价格成为居酒屋的常规菜品，居酒屋还开始提供金枪鱼各部位的刺身拼盘。《浮世酒屋喜言上户》的“升卖居酒屋”（1836）里描绘了正在给客人上“金枪鱼和比目鱼的腹合”（刺身拼盘）的场景（图114）。“腹合”也被称为“作合”，《守贞谩稿》记载：“鲷、比目鱼的肉为白色，金枪鱼肉呈红色，二者红白搭配装盘被称为作合。”

在这家居酒屋，一个年长的男性和一个年轻的女性在喝酒，这在现实中很少见。正如《浮世酒屋喜言上户》凡例中所写，“此篇只是为了赞美居酒屋的繁荣情况，记录了一桌一席无数客人欢谈的样子，无始也无终”，在居酒屋里让各种各样的客人推杯换盏地登场，描绘了客人之间的人情关系网。这个时期已经有一些书是以居酒屋作为舞台进行创作的。

图114　端上客人坐席的“腹合”。(《浮世酒屋喜言上户》)

7. 汤豆腐

（1）登上居酒屋菜单的汤豆腐

汤豆腐，也叫汤奴，是非常便宜的下酒菜，特别是在寒冷的冬天吃了可以暖身，很受客人欢迎。

1774年发行的《稚狮子》“忏悔忏悔”里写到，冬日刺骨的寒风中，一群在“两国之川”进行“川离垢”的人结束仪式以后到附近的“酒屋”避寒，点了一壶温酒，就着汤豆腐和烤豆腐串暖身子。川离垢指的是向神佛祈愿，用河川之水清洗身子。参拜山神或者为重病之人举办祛病消灾的仪式后，可在两国桥东端下川的离垢场进行川离垢。就着汤豆腐喝上一壶温酒，冻僵的身体一定很快就能暖和过来。小咄本《春袋》(1777)“魔芋之云分”里面有一段关于魔芋和汤豆腐的对话：

> 汤豆腐来到了魔芋的面前，魔芋说，你好啊，这个时间段你在居酒屋很忙吧。汤豆腐说道，彼此彼此，你夜里也要“温酒温酒”地叫卖，更不容易。

也就是说在这个时期，夜里货郎是以魔芋搭配温酒，而在居酒屋，汤豆腐才是卖点。

豆腐是非常实惠的食物，这当然是豆腐坊勤奋经营的结果，不过更主要的原因是奉行衙门不断对价格进行监控。奉行衙门时刻关注物价的变化，物价上涨时会颁布各种禁令和限制去抑制价格的高涨。豆腐作为会大幅影响普通民众生活的食品更是物价限制的重点。

时间到了1706年的五月。之前几年米价不断上涨，带动了物价整体上扬。不过幸运的是米价终于逐渐回落，同时豆腐的原材料大豆的价格两年前金一两只能买到八斗五升，1706年却可以买到一石二斗之多。不过豆腐的价格与两年前相比并无变化。因此奉行所给町内的豆腐坊下令要求降价。豆腐坊以盐卤和油渣价贵为由递交了拒绝降价的申请却没有获得批准。不久数十家豆腐坊都按照要求降价了，只有七家豆腐坊没有按规定降价。奉行所因此愤怒地以不履行规定为由，对未降价的豆腐坊做了停业整顿的处罚（《御触书宽保集成》二〇七六）。这个事件发生之后，奉行所十分关注豆腐的价格，每次豆腐价格上涨都会颁布“豆腐价格下调令”。

因此豆腐坊无法自由地抬高豆腐的价格。此外，豆腐坊的数量众多，到1803年已经超过了1000家（《诸问屋再兴调》三），这使得豆腐的价格比较稳定。这也让居酒屋可以较为轻松地将豆腐作为常规菜品放上菜单。

《四十八癖》第三篇里讲述，一个长屋的女主人快到中午的时候决定偷懒，“不想做饭，所以端着平碗到转角的居酒屋花八文买一份汤豆腐。说不定还能加点鹿肉”。可见在居酒屋汤豆腐八文钱就可以买到，而且还可以带走。前文中提到的《街谈文文集要》里面也有“在居酒屋买了四文的豆腐”的内容，所以还有四文钱就能买到的汤豆腐。

（2）汤豆腐的做法

如书名一样，《豆腐百珍》（1782）记录了豆腐的百种料理方法：

汤奴，切至八九分许（2.4—2.7厘米）骰子形，或切至长五七分（1.5—2.1厘米）宽一寸二三分（3.6—3.9厘米）梆子状，葛粉加水煮至滚沸，将一人份豆腐放入锅中，不盖盖子。煮至豆腐些许焦熟，尚未浮起时捞起即成。

另外，《真佐喜之桂》里记录了作者喜欢的汤豆腐的做法：

豆腐切成适度大小放入钵中，将小锅中的水煮至滚沸，将食用份额的豆腐放入水中不合盖煮至微微要浮起时，用网勺捞起。

汤豆腐入锅加热过度的话口感会发干，味道会受损。上文中的这两种做法相比较，虽然有用葛粉汤煮和用开水煮的差异，不过在煮到即将要浮起时出锅的火候是一样的。这也是把握汤豆腐味道的秘诀。

汤豆腐里豆腐一般都被切成四方形，有句云：

湯豆腐はしきし田楽は短冊

色纸形汤豆腐，短册烤豆腐串

（汤豆腐是方块，烤豆腐串是长方形）

柳二九　1800

所谓色纸形指的是接近立方体的长方体。《守贞漫稿》里面给出了“奴豆腐”的形状图，还解释了“煮制后食用的被称为汤奴，冷吃的被称作冷奴”（图115）。

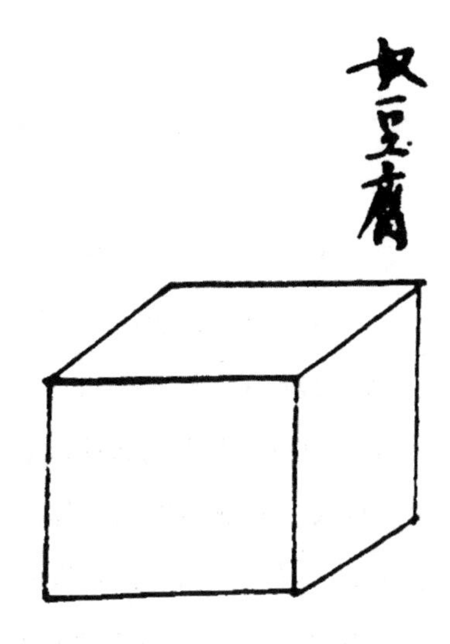

图115　奴豆腐。(《守贞谩稿》)

根据《真佐喜之桂》的记载，豆腐用小锅煮的时候，是要用网勺捞起来吃的。

用小火锅来做汤豆腐的时候：

湯どうふの上へちろりの腰を懸

煮豆腐上放酒壶，落座享美味

武玉川九　1756

湯豆腐とちろりは一つ鍋の中

汤豆腐和铫釐，一个锅里煮

柳一五五　1838—1840

湯豆腐は浪うちぎわですくひ上げ

煮豆腐浮起之时，用网勺捞起

柳八九　1826

关于浇汁和调料的加法，《豆腐百珍》里面记录：“将纯酱油煮沸，加入鲣鱼刨片，添少许热水再煮沸，将嫩豆腐放到其他盅内加入葱白、萝卜泥和辣椒末等。”《真佐喜之桂》里的记录则为“先将酱油煮沸做准备，加入鲣鱼刨片，加少许热水后再煮沸，调料以浅草海苔为佳，其他可根据喜好择时添加”。

这两处记载里用酱油和鲣鱼刨片制作浇汁这一点是共通的。调料似乎很多样，葱花、萝卜泥、辣椒末、浅草海苔等都可以使用。《四十八癖》里长屋的女主人是“没准还可以加鹿肉调味”，说明在调料的选择上当时是比较丰富自由的。

关于使用浅草海苔和辣椒做调料，有句云：

ゆどうふに海苔さらさらと押しもんで

汤豆腐内加海苔，蓬松又柔软

柳五八　1811

湯豆腐へなし地にかける唐がらし

汤豆腐梨地清淡，辣椒来调味

柳一一五　1838—1840

第二句里面把白色的煮豆腐上加红色辣椒粉的样子比喻成梨地（梨皮泥金画，泥金画的一种）。与葱段金枪鱼一样，煮豆腐在居酒屋里还没有一边煮一边吃的情况，都是煮好以后端上客席的。另外，也没有关于浇汁和佐料的记录，推测应该与上文中记载的一样。

8. 豆腐渣味噌汤

豆腐渣味噌汤日文写作“から汁”，“から”在日文中是豆腐渣的意思。顾名思义，豆腐渣味噌汤就是加了豆腐渣的味噌汤，也被称作雪花菜（きらず）汤、空木花汤。雪花菜日语读音与“不切割”一样，表达料理时可以不切的意思，空木花色白与豆腐很像所以被用来指代豆腐渣。《屠龙工随笔》（1778）里记载：

雪花菜指的是豆腐渣，可以不用切就烹饪，故得名“きらず”。这种风雅的名字其实指的是无味的辅菜，而且价格低廉。

“雪花菜”，这么风雅的名字实际上指代的是豆腐渣味噌汤这种平民食物。还有句云：

包丁もいらず其ままきらず汁

烹饪雪花菜汤时，无须动菜刀

柳七三　1821

就像上文第十一章第三节提到的那样，豆腐渣味噌汤被认为具有解宿醉的功效，因此很多店铺开在风月场所附近，瞄准的是早上回家的客人。

から汁は是岡場所の袖の梅

烟花场所之袖梅，风月场高汤

（高汤是烟花场所的拿手好菜）

柳一三一　1834

袖梅是吉原游郭经常用的解酒药，烟花场所会用豆腐渣味噌汤来做替代品。

不止是早上回家的客人，一边喝酒一边喝豆腐渣味噌汤的人也是很常见的。《东海道中膝栗毛》第三篇下（1804）里的北八（喜多八）就对弥次说“在浅草马路边的酒馆里，所有点了去壳蛤蜊和豆腐渣味噌汤的客人，钱都是我一个人付的”。说的时候北八和弥次一起吃着去壳蛤蜊和豆腐渣味噌汤在居酒屋里喝酒。

居酒屋从什么时候开始卖豆腐渣味噌汤已经不可考，但是前文介绍过的《江户自慢》里曾提到“豆腐渣是极价廉之物，在和歌山二钱可买三颗”。三颗这个量词具体有多少很难估算，但是整体看应该是非常便宜的价格了。

十六

渡过难关的居酒屋

1. 苦于敲诈和强卖的居酒屋

到本章为止我们一直都在讲居酒屋的繁荣，不过居酒屋的经营并不轻松，经常会陷入被敲诈和强卖的困境之中。特别是新店开业的时候更艰难。对这样的境况，教训小说《教训差出口》（1762）里描述："新开的居酒屋，或因他们（流氓无赖）失了名望，更有甚者，不阿谀奉承以待之则招致打砸践踏，终不得不委身恭维。如此，居于市内度日之人，无有苦甚居酒屋、乌冬面店等餐饮店铺经营者。动辄遭遇重挫，不仅损失惨重，还经常须致歉以委曲求全。"

这就是居酒屋诞生之初的样子。居酒屋从很早的时候就苦于流氓的骚扰。有句云：

居酒やを止めた子細はかわ羽おり（革羽織）

居酒屋倒闭之因，着革羽织者

（让居酒屋关门的是穿革羽织的黑社会）

万合句　1762

革羽织是用皮革做的和服外套，本来是消防员和建筑工人穿的衣服，后来一些流氓黑社会开始穿。有些居酒屋就是因为流氓无赖的骚扰而最终倒闭关门。还有很多店铺遭遇强卖。江户常见一些消防处雇用的消防人员到居酒屋强卖钱缗。钱缗是用来穿铜钱的细草绳，整钱用钱缗穿成串以方便交易流通，通用的有百文缗、三百文缗、一贯（一千文）缗等。

《守贞谩稿》里面关于这种“卖钱缗”的行为有这样的记述（图116）：

图116　卖钱缗。（《守贞谩稿》）

卖钱缗，在京都、大阪一带是诸所司代邸、城代邸等仆役长作为副业进行经营。在江户乃是消防局仆役长作为副业制作之后销售给市民。大约十缗为一把，十把为一束，一束价约百文。京都、大阪按把出售。一把六文。然三都均会依据店铺生意规模进行不同程度的强卖。对新开店铺会特别强行兜售。

在江户负责消防的幕府直属消防队被称作“定火消”，是独立于町消防部门的存在。定火消的人员中有十个旗本，负责十处消防局。

所谓“卧烟”乃是十处消防局雇用的消防人员，住在消防局的宿舍里，身上有刺青，中间有很多流氓无赖。他们以做钱缗为副业，一束以一百文的高价出售，市民苦不堪言。

ちりめんのふんどし見せてさしをうり

示人丝织兜裆布，强行卖钱缗

（卖钱缗的展示着自己丝织的兜裆布）

万句合　1767

店中へ二三把投げて腰をかけ

卖钱缗者店内坐，丢出三两把

（卖钱缗的坐在店里，丢出三两把钱缗来强卖）

柳七　1772

他们似乎会根据店铺的规模和业务种类来决定强卖的数量，这几乎与敲诈没什么两样，而且特别会瞄准新开的店铺。这些店铺在恐吓和威胁之下只能购买。

新酒屋さしで二階をおつぷさき

二层钱缗堆成山，新酒屋（新开的居酒屋二楼堆满了钱缗）

万句合　1764

いらぬさし買って酒屋はしづか也

购得钱缗无处用，居酒屋冷清

（居酒屋购买了太多不需要的钱缗，生意冷清）

万句合　1768

有很多居酒屋为了不把事情闹大，会按他们的要求购买钱缗，有些家的二楼钱缗堆积如山。

町奉行虽然也出面制止过这种强卖钱缗的行为，但几乎没什么效果。1817年三回（隐秘回、定回、临时回）的同心[1]联名向町名主提交了下述通报：

武家的仆役长在町内，除了新开的店铺以外，平日里也

[1] 三回，三种不同的巡视警卫岗位；同心，警察官职名称。

会强卖钱缗给各处，再加上其他非法的行为和一些横行霸道的行为，所以已经下令听闻类似行径即予以逮捕。一旦出现类似事件，希望町政官厅可以毫不犹豫地予以制止并且通知我方。过往有新店铺开业的时候他们经常蛮横地强卖钱缗，并且提出各种无理要求。因此有新店要开业的时候请提前通知我方。

《类集撰要》十五

同心表达了决不对不法行为屈服的决心，有新店铺开业要求通报，同心会通报给町名主，可是强卖行为依然不止，钱缗强卖依然存在。

さし売は只一筋のねだり言

钱缗买卖无自由，强卖难抵抗

（钱缗生意完全是单方面的强卖）

柳七五　1820

2. 江户时代的赖账、逃单行为

另外，居酒屋还被赖账、吃白食、逃酒单等情况困扰。

居酒屋都是现款现结的，但是也有很多客人会记账，能看到类似这样的记录：“居酒屋因为客人赊账导致纠纷不断。”（《大通一骑夜行》，1780）

前文介绍过的《近世职人尽绘词》（图84）里描绘的居酒屋，在里侧的地桌上单脚站立，亮出左侧手臂上刺青的男人正在恐吓道：“跟你说了我没钱，明天再给。不行的话你能把我怎么着？”手搭在他肩上的店员拦着他说：“别说得那么难听。”

也有很多川柳讲到这样的情景：

居酒やはちつとたらぬにうんざりし

居酒屋里惹人烦，刁客不付钱

（在居酒屋里吵嚷着付不起钱的客人让人心烦）

万句合　1657

居酒屋はもぢもぢするが気ざになり

居酒屋内鬼祟客，令人难捉摸

（有人在居酒屋里喝酒时鬼鬼祟祟，让人很在意）

万句合　1659

有客人一面喝酒一面坐立不安，不知道他什么时候会逃单所以监视着他。

錢かなか先きへぬかせと居酒見世

居酒屋怕无钱客，先问有钱还是无

（先跟居酒屋的人胡扯，说自己没钱）

万句合　1773

要是先说的话就不会给酒喝了。

錢のあるふちで居酒をのんで居る

佯装有钱镇定坐，居酒屋里客

（假装自己有钱的样子，镇定地坐在居酒屋里喝酒）

万句合　1776

这估计是要逃单了，又或者想着可以记账吧。

酒屋から引きずり出すとそりやと逃げ

作势扭打出门去，目的在逃单

（两人装作争执的样子打出店门，目的其实是逃单）

万句合　1660

因为打架斗殴被赶到店外，然后就一起跑掉了。

这些川柳反映了在居酒屋里白吃白喝和逃单的现象非常普遍。

江户时代的商业经营，买了商品记账月底结算的做法很常见，盂兰盆节时节季付的也很多。年底除夕是一年结总账的日子，要账的会蜂拥出动。

餅はつく是からうそをつく

默默盘算要扯谎，打完年糕后

（心里默默地判断，做完年糕之后就要想不还钱的谎话该怎么编了）

万句合　1763

捣完正月用的年糕之后，就要开始琢磨如何对除夕之前登门要账人的撒谎了：

つねていのうそでは行かぬ大三十日

叮咛体也无作用，年底的谎言

（年三十用敬语撒谎也没有用）

万句合　1763

普通的谎言是没有办法劝退要账人的，但是也还是有很多人还不起赊欠的账单。

3. 居酒屋新店铺准入规则

江户城内以煮卖茶馆为代表，餐饮店铺数量不断增加。宽政年间（1789—1801）达到了“一个街区煮卖、餐饮店铺居然增加到十几、二十几家，繁华场所更是很多餐饮店铺”（《三省录》，1830）。

在这样的情况下，奉行所认为奢靡之风是无意义的浪费，出台了限制餐饮店铺数量的规定。因此，1804年奉行所对町年寄颁布了这样的通告：

> 经营餐饮生意者较以往增加甚多。无论贵贱皆可视为浪费奢靡之举。近来对江户餐饮店铺统计后得知，总数达6160多家。因此将上述店铺尽数登记在册，以后禁止再有增加，五年内尽量减少一部分，到文化七年（1810）再对数量核查报告。今后随意终止餐饮经营者不可再开。只有父子兄弟、养子才可继承餐饮家业。
>
> 《德川禁令考》前集第五

这意味着不再允许新开餐饮店铺，对家业的继承也设置了限制，并且制定了五年以后将现有6160家“餐饮店铺”减少到6000家以内的目标。

但是这个通告颁布两年后，1806年，由于江户城内发生了死亡人数达到2000人的大火（江户三次大火之一），受灾人员之中有人在受灾地开了临时的餐饮店铺进行经营。虽然奉行所认为名主没有取缔这些店铺是不合规的，但从现实出发又很难让遭受了火灾的人马上更改经营项目，因此并没有进行严格取缔。这样一来，到了1810年，町年寄再次对“餐饮经营店铺”数量进行调查，店铺数量增加到了7763家。(《类集撰要》四四)

针对这样的情况，奉行所又试图推延到1811年开始的五年内达成目标。在计划实施的第一年，町年寄向奉行所递交了调查“餐饮经营店铺”的数量调查报告。

这次的报告根据业务种类对“餐饮经营店铺”进行了分类，总数为7603家。其中“煮卖居酒屋”的数量最多，为1808家，关于这部分的内容笔者已经在序言的第二节里做了介绍。

之后，减少“餐饮经营店铺”的目标在1811年之后的五年里也没能达成，五年之后又以五年为期延长了计划期限。

结果到了1835年，在大火（1829）和天保大饥荒的影响下，餐饮店铺减少到了5757家，目标终于达成了。然后到1836年町年寄接受了奉行所的意见，对轮值名主下达了通知，要求：

> 一、以现有数字为基准，今后不再增加“餐饮经营店铺”的数量。
>
> 二、不再批准新开“餐饮经营店铺”和其他业务转为“餐饮经营”。
>
> 《天保撰要类集》诸商卖之部

当然，居酒屋的新店开业也是不被允许的。

4. 打破了规则的居酒屋

1804年以后，江户经营食物的生意人都被纳入奉行所和町年寄等的监管之下，为了使总数不超过6000家，新店铺的开业和家业的继承都被严格限制。但是，在这样的情况下，居酒屋受到的限制相对较少。奉行所取缔的对象主要是“点心、料理等徒增无益手续的业务，已经够多了”，对以普通百姓为对象的食品生意人相对管理比较宽松。（《天保撰要类集》御触、町触之部）

另外，奉行所进行的餐饮营业店铺数量调查的对象都是在街面上营业的店铺，背街的店铺和小摊等都没有被囊括在内，到了1840年，临时同心对奉行所提交了这样的申请：“现在针对经营餐饮业务的店铺，规定家业不允许除父子兄弟以外的人继承，停业退出者不允许再开新店。但是对打短工的人员来说，餐饮是非常容易就业的行业，所以他们会提出异议，有时会提出诉讼。江户是一个大都市，不止是上述的生意，无论什么业务都不应予以限制，使其自由扩展才能让下等人员易于谋生，心存感激。”（《市中取缔类集》一）表达了应该放宽限制，鼓励以普通百姓为对象的餐饮经营。因此，对居酒屋的限制并不是很严格，另外，很多居酒屋是以限制对象外的背街小店和小摊形式存在的。

1853年《细撰记》“矢太神屋弥太”里，收录了26家居酒屋，并附上町名。它们广泛分布在江户各处。印证这一点的还有《花历八笑人》第五篇（1849）里的一篇文章，讲到在江户市内散步随处可见的居酒屋。这篇文章中登场的角色记述了他从两国开始一路喝酒一路走去参拜川崎大师[1]的情形，书中写道：

> 路上喝酒，在两国的四方就着红萝卜泥喝了一合酒，在亲父桥的芋又喝了一合，然后一直忍到京桥，在角落的店铺里配着刺身喝了两合。在大门就着荞麦面一合。高轮的鳗鱼有点太奢侈了，所以到海滨苇棚里就着泥鳅汤喝了一合。在观音前看到了虾蛄所以又喝了一合。到了羽田附近就着蛤蜊再来一合，没吃饭去参拜大师的时候已经是下午五点左右了。

此人最早到的“两国的四方”，就是《江户五高升薰》（图46）里“一寸一杯”店铺中展示的米泽町店铺“四方”。在这个“四方”就着红萝卜泥喝了一合酒（应该是站着喝的），以此为开端，途中一共去了五家店，一步一步喝着酒前去拜谒川崎大师。

就算是从日本桥出发，到川崎也有四里半（约为18公里）的路程。从两国开始一点点喝着酒走，晚上到川崎大师处，那么他当天一定是很早就出发了。下酒菜是鹿肉泥、芋头（翻煮芋头）、刺身、豆腐渣味噌汤、荞麦面、泥鳅汤、虾蛄、蛤蜊等，在各处吃了各种不同的非常丰富的下酒菜。

---

[1] 川崎大师，即真言宗智山派大本山金刚山金乘院平间寺。

两国的“四方”和亲父桥的“芋”都是居酒屋。听了他的描述，他的朋友说“你刚才列举的这些店铺都是些下等人才会去的地方”。此人所去的店铺，除了荞麦面馆以外应该都是居酒屋。

这段话虽然取自虚构的故事，但是反映了当时居酒屋遍地，营业时间很早，喝酒要就下酒菜和小吃等细节。

居酒屋事实上突破了限制，作为江户庶民的饮酒场所，由此十分繁荣。

结 语

一天的工作结束以后，有很多人会选择跟朋友一起其乐融融地聊聊天，或唾沫横飞地争论不休，同时喝上一杯酒然后再回家。居酒屋里可以放松地喝酒，下酒菜又丰富又便宜，如果是一群人一起去的话还可以点很多菜大家分着吃，这都是居酒屋的魅力所在。

如果是一个人出门，则可以坐到吧台边，默默一个人享受喝酒的乐趣。有句云，

> 居酒やでねんごろぶりは立てのみ
>
> 居酒屋内立饮者，皆可为熟客
>
> （在居酒屋里站着喝酒的人之间很容易熟络起来）
>
> 万句合　1762

江户时代以来，居酒屋一直都很适合独酌之人。

作为一个喜欢喝酒的人，笔者也多在外饮酒，去得最多的当然是居酒屋。看着今天居酒屋的盛况，经常会想到江户时代居酒屋的样子。

为了写这本关于江户时代居酒屋的书，笔者收集了很多史料，稿子逐渐完成，但却从未思考过出版之事。

就在这个时候千叶大学名誉教授松下幸子老师联系了我。我与松下老师是在饮食文化史研究会“食生活史恳谈会”上相识的，之后我接受了松下老师很多教导。松下老师是研究江户料理图书的第一人，也着手在国立剧场和歌舞伎座、滨离宫等地进行江户料理再现的工作，迄今出版了多本著作，最近的一本就是《江户料理读本》(筑摩学艺文库)。透过《江户料理读本》的编辑、筑摩学艺文库编辑部的藤冈泰介先生，我有幸与筑摩书房结缘。之后松下老师还就本书的编写给过我很多帮助和鼓励。我要借这里对老师表达我最诚挚的谢意。

另外，为了本书的出版，藤冈先生在插图处理等事务上不遗余力地给予我很多支持。此外筑摩书房校对部门的各位对本书的很多细节下了非常大的功夫。最后请允许我表达我的感谢。

饭野亮一

2014年7月

参考史料与文献

『愛敬鶏子』 山傾庵利長　文化十一年（一八一四）

『彙軌本紀』 島田金谷　天明四年（一七八四）

『伊勢平氏摂神風』 二世桜田治助　文政元年（一八一八）

『一事千金』 田螺金魚　安永八～文政三年（一七七九～一八二〇）

『一騎夜行』 志水燕十　安永八年（一七七九）

『一刻価万両回春』 山東京伝　寛政一〇年（一七九八）

『当颶辻談義』 嫌阿　宝暦三年（一七五三）

『宇下人言』 松下定信　寛政五年（一七九三）

『浮世酒屋喜言上戸』 鼻山人作，歌川豊国画　天保七年（一八三六）

『浮世床』 式亭三馬・滝亭鯉丈　文化八～文政六年（一八一一～二三）

『浮世風呂』 式亭三馬　文化六～十年（一八〇九～一三）

『羽澤随筆』 岡田助方　文政七年（一八二四）頃

『梅津政景日記』 梅津政景　慶長十七～寛永十年（一六一二～三三）

『江戸江発足日記帳』 酒井伴四郎　万延元年（一八六〇）

『江戸買物独案内』　中川五郎左衛門編　文政七年（一八二四）
『江戸鹿子』　藤田理兵衛　貞享四年（一六八七）
『江戸看板図譜』　林美一　三樹書房　昭和五十二年（一九七七）
『江戸久居計』　岳亭春信　永久元年（一八六一）
『江戸時代』　大石慎三郎　中公新書　昭和五十三年（一九七八）
『江戸時代のお触れ』　藤井譲治　山川出版社　平成二十五年（二〇一三）
「江戸市中の住民構成（文政十一年町方書上）」『三井文庫論業　四』　昭和四十五年（一九七〇）
『江戸自慢』　原田某　幕末頃
『江戸職人歌合』　石原正明　文化五年（一八〇八）
『江戸食物独案内』　五昇亭花長者編　慶応二年（一八六六）
『江戸砂子』　菊岡沾涼　享保十七年（一七三二）
『江戸図屏風』　絵師不詳　寛永年間（一六二四～四四）頃
『江戸川柳飲食事典』　渡辺信一郎　東京堂出版　平成八年（一九九六）
『江戸川柳辞典』　浜田義一郎編　東京堂出版　昭和四十三年（一九六八）
『江戸塵拾』　芝蘭室主人　明和四年（一七六七）
『江戸店舗図譜』　林美一　三樹書房　昭和五十三年（一九七八）
『江戸の酒』　吉田元　朝日新聞社　平成九年（一九九七）
「江戸の町人の人口」『幸田成友著作集　二』　幸田成友　中央公論社昭和四十七年（一九七二）
『江戸繁昌記』　寺門静軒　天保三～七年（一八三二～三六）
『江戸町触集成』　近世史料研究会編　塙書房　平成六年～十八年（一九九四～二〇〇六）
『江戸名物鹿子』　伍重軒露月　享保十八年（一七三三）
『江戸名物誌』　方外道人　天保七年（一八三六）
『江戸名物酒飯手引草』　編者不詳　嘉永元年（一八四八）

『江戸橋広小路最寄旧記（春）』 旧幕府引継書 元文元年～寛政三年（一七三六～一七九一） 国立国会図書館蔵
『江戸名所記』 浅井了意 寛文二年（一六六二）
『江戸名所図会』 斉藤幸雄作・長谷川雪旦画 天保五～七年（一八三四～三六）
『江戸料理事典』 松下幸子 柏書房 平成八年（一九九六）
『江戸料理集』 著者不詳 延宝二年（一六七四）
『江戸料理読本』 松下幸子 ちくま学芸文庫 平成二十四年（二〇一二）
『絵本江戸土産』 西村重長 宝暦三年（一七五三）
『絵本柳多留』 緑亭川柳 安政五年（一八五八）
『画本柳樽』 八島五岳 天保十一～弘化三年（一八四〇～四六）
『嚶々筆語』 野々口隆正等 天保十三年（一八四二）
『黄金水大尽盃』 二世為永春水作・歌川国輝等画 嘉永七～慶応二年（一八五四～一八六六）
『大川仁政録』 松亭金水作・歌川芳梅等画 安政元～四年（一八五四～五七）
『大草家料理書』 著者不詳 一六世紀後半頃
『大阪市史』一 大阪市参事会 清文堂出版 大正二年（一九一三）
『大晦日曙草紙』 山東京山作・歌川国貞等画 天保十～安政六年（一八三九～五九）
『稚獅子』 著者不詳 安永三年（一七七四）
『教草女房形気』 山東京山・鶴亭秀賀作 二世歌川豊国画 弘化三年～明治元年（一八四六～一八六八）
『落咄見世びらき』 十返舎一九 文化三年（一八〇六）
『御触書寛保集成』 高柳眞三・石井良助編 岩波書店 昭和三十三年（一九五八）
『御触書宝暦集成』 高柳眞三・石井良助編 岩波書店 昭和三十三年（一九五八）

『街談文々集要』　石塚豊芥子　万延元年（一八六〇）
『書雑春錦手』　雀声　天明八年（一七八八）
『角鶏卵』　月亭可笑　天明四年（一七八四）
『笠松峠鬼神敵討』　松風亭琴調作・歌川国芳画　安政三年（一八五六）
『可笑記』　如儡子　寛永十九年（一六四二）
『敵討鶯酒屋』　南杣笑楚満人作・歌川豊広画　文化三年（一八〇六）
『復讐両士孝行』　十返舎一九作・歌川豊広画　文化三年（一八〇六）
『金曾木』　大田南畝　文化六〜七年（一八〇九〜一〇）
『金草鞋』　十返舎一九　文化十〜天保五年（一八一三〜三四）
『金儲花盛場』　十返舎一九　文政十三年（一八三〇）
『神代余波』　斎藤彦麿　弘化四年（一八四七）
『軽口筆彦咄』　怪笑軒筆彦　寛政七年（一七九五）
『寛政享和撰要類集』「酒造之部」　旧幕府引継書　国立国会図書館蔵
『季刊古川柳』（川柳評万句合索引）川柳雑俳研究会　昭和六十三〜平成五年（一九八八〜一九九三）
『妓娼精子』　鶯蛙山人　文政年間（一八一八〜三〇）
『客者評判記』　式亭三馬　文化七年（一八一〇）
『俠太平記向鉢巻』　式亭三馬　寛政十一年（一七九九）
『嬉遊笑覧』　喜多村筠庭　文政十三年（一八三〇）
『旧聞日本橋』　長谷川時雨　岩波文庫　昭和五十八年（一九八三）
『教訓差出口』　伊藤単朴　宝暦十二年（一七六二）
『享保江戸雑俳集』（『雑俳集成　四』）　鈴木勝忠校訂　東洋書院　昭和六十二年（一九八七）
『玉の帳』　振鷺亭　寛政年間頃（一七八九〜一八〇一）
『近世奇跡考』　山東京伝　文化元年（一八〇四）
『近世職人尽絵詞』　鍬形蕙斎　文化二年（一八〇五）

『玉露叢』 林鵞峯 延宝二年（一六七四）

『下り酒問屋台帳』（東京市史稿産業篇十八） 宝暦五年（一七五五）

『鶏声粟鳴子』 楽亭四馬作・一猛斎芳虎画 嘉永四年（一八五一）

『けいせい色三味線』 江島甚磧 元禄十四年（一七〇一）

『傾城水滸伝』 曲亭馬琴 文政八～天保六年（一八二五～三五）

『慶長見聞集』 三浦浄心 慶長十九年（一六一四）

『今朝春三ッ組盞』 三遊亭円朝作・錦朝楼芳虎画 明治五年（一八七二）

『元禄江戸雑俳集』（『雑俳集成 二』） 鈴木勝忠校訂 昭和五十九年（一九八四）

『元禄時代』 大石慎三郎 岩波新書 昭和四十五年（一九七〇）

『甲駅雪折笹』 酒艶堂一酔 享和三年（一八〇三）

『好色一代女』 井原西鶴 貞享三年（一六八六）

『皇都午睡』 西沢一鳳 嘉永三年（一八五〇）

『江府風俗志』 作者不詳 寛政四年（一七九二）

『高陽闘飲』（『後水鳥記』） 大田南畝作・歌川季勝画 文化十二年（一八一五）

『古今料理集』 寛文～延宝二年（一六七〇～七四） 頃

『滑稽雑談』 四時堂基諺 正徳三年（一七一三）

『小幡怪異雨古沼』 柳水亭種清編・二世歌川国貞画 安政六年（一八五九）

『再校江戸砂子』 丹治垣足軒 明和九年（一七七二）

『細撰記』 錦亭綾道 嘉永六年（一八五三）

『さえづり草』 加藤雀庵 江戸末期

『咲替蕣日記』 墨川亭雪麿作・一雄斎国輝画 嘉永三年（一八五〇）

『酒が語る日本史』 和歌森太郎 河出書房新社 昭和四十六年（一九七一）

『酒の日本文化』 神崎宣武 角川文庫ソフィア 平成十八年（二〇〇六）

『五月雨草紙』 喜多村香城 慶応四年（一八六八）

『三省録』 志賀忍 天保十四年（一八四三）

『三人吉三廓初買』 河竹黙阿弥 安政七年（一八六〇）

『式亭雑記』 式亭三馬　文化七～八年（一八一〇～一一）
『四十八癖』 式亭三馬　文化八～文政元年（一八一一～一八）
『七福神大通伝』 伊庭可笑　天明二年（一七八二）
『市中取締類集』一（『大日本近世史料』） 東京大学史料編纂所編纂　昭和三十四年（一九五九）
『品川楊枝』 芝晋交作・勝川春好画　寛政十一年（一七九九）
『酒茶論』 著者不詳　室町末期
『串戯しつこなし』 十返舎一九　文化三年（一八〇六）
『正宝事録』 町名主某編纂　正保五年～宝暦五年（一六四八～一七五五）
『書簡』 大田南畝（『大田南畝全集　十九』 岩波書店） 享和元年（一八〇一）
『初代川柳選句集』 千葉治校訂　岩波文庫　昭和五十二年（一九七七）
『諸問屋沿革誌』 東京都　平成七年（一九九五）
『諸問屋再興調』三　旧幕府引継書　国立国会図書館蔵
『春色恋廼染分解』 朧月亭有人　万延元～明治元年（一八六〇～六八）
『春色淀の曙』 松亭金水　十九世紀中頃
『新吾左出放題盲牛』 大盤山人偏直　天明元年（一七八一）
『信長公記』 太田牛一　慶長三年（一五九八）
『人倫訓蒙図彙』 蒔絵絵師源三郎　元禄三年（一六九〇）
『政談』 荻生徂来　享保十二年（一七二七）頃
『青楼小鍋立』 成三楼手酌酒盛作・子興画　享二年（一八〇二）
『世諺問答』 一条兼良　天文十三年（一五四四）
『世事見聞録』 武陽隠士　文化十三年（一八一六）
『摂津名所図会』 秋里籬島　寛政八～十年（一七九六～一七九八）
『浅草寺日記』（東京市史稿産業篇四十一） 寛政九年（一七九七）
『撰要永久録』（東京市史稿産業篇七） 延宝七年（一六七九）
『川柳雑俳集』 日本名著全集　昭和二年（一九二七）

『川柳食物事典』 山本成之助 牧野出版 昭和五十八年（一九八三）

『川柳大辞典』 大曲駒村編 高橋書店 昭和三十年（一九五五）

『川柳風俗志』 西原柳雨編 春陽堂 昭和五十二年（一九七七）

『雑司ヶ谷記行』 十返舎一九 文政四年（一八二一）

『宗長手記』 宗長 大永二～七年（一五二二～一五二七）

『続江戸砂子』 菊岡沾凉 享保二十年（一七三五）

『俗つれづれ』 井原西鶴 元禄八年（一六九五）

『大千世界楽屋探』 式亭三馬 文化十四年（一八一七）

『宝井其角全集』 石川八朗等編 勉誠出版 平成六年（一九九四）

『宝船桂帆柱』 十返舎一九作，歌川広重画 文政十年（一八二七）

『唯心鬼打豆』 山東京伝 寛政四年（一七九二）

『たねふくべ』 三友堂益亭 天保十五～弘化五年（一八四四～四八）

『たべもの史話』 鈴木晋一 小学館ライブラリー 平成十一年（一九九九）

『多門院日記』 英俊等 文明十～元和四年（一四七八～一六一八）

『忠臣蔵前世幕無』 山東京伝 寛政六年（一七九四）

『重宝録』 編者不詳 幕末期

『塵塚談』 小川顕道 文化十一年（一八一四）

『珍説豹の巻』 鼻山人 文政十年（一八二七）

『貞操園の朝顔』 松亭金水 江戸末期

『貞徳狂歌集』 松永貞徳作・菱川師宣画 天和二年（一六八二）

『天保撰要類集』 旧幕府引継書 国立国会図書館蔵

『東海道中膝栗毛』 十返舎一九 享和二～文政五年（一八〇二～二二）

『東海道四谷怪談』 四世鶴屋南北 文政八年（一八二五）

『東京酒問屋沿革史』 横地信輔編 東京酒問屋統制商業組合 昭和十八年（一九四三）

『東京風俗志』 平出鏗二郎 明治三十四年（一九〇一）

『道聴塗説』 大郷良則　文政八～十三年（一八二五～三〇）
『豆腐百珍』 醒狂道人　天明二年（一七八二）
『洞房語園』 庄司勝富　享保五年（一七二〇）
『当流節用料理大全』 四条家高島　正徳四年（一七一四）
『兎園小説余禄』 滝沢馬琴　天保三年（一八三二）
『徳川禁令考』（前集第五） 石井良助編　創文社　昭和三十四年（一九五九）
『徳川禁令考』（後集第四） 石井良助編　創文社　昭和三十五年（一九六〇）
『徳川実紀六篇』『国史大系』 黒板勝美等編　吉川弘文館　昭和四十年（一九六五）
『屠竜工随筆』 小栗百万　安永七年（一七七八）
『灘酒沿革誌』 神戸税務監督局　明治四十年（一九〇七）
『七癖上戸』 式亭三馬　文化七年（一八一〇）
『七不思議葛飾譚』 二世柳亭種彦作・二世歌川国貞画　元治二年（一八六五）
『日欧文化比較』 ルイス・フロイス　天正十三年（一五八五）
『日本教会史』 ロドリーゲス　元和八年（一六二二）頃
『日本山海名産図絵』 蒹葭堂木村孔恭　寛政十一年（一七九九）
『日本縄文時代食糧総説』 酒詰仲男　昭和三十六年（一九六一）
『日本酒』 秋山裕一　岩波新書　平成六年（一九九四）
『日本食志』 小鹿島果　明治十八年（一八八五）
『日本農書全集』五十一　吉田元校注・執筆　農山漁村文化協会　平成八年（一九九六）
『日本の酒』 坂口謹一郎　岩波新書　昭和三十六年（一九六四）
『日本の食と酒』 吉田元　人文書院　平成三年（一九九一）
『年録』（『柳営日次記』） 慶長十九～安政六年（一六一四～一八五九） 国立国会図書館蔵
『鼠小紋東君新形』 河竹黙阿弥　安政四年（一八五七）

『根南志具佐』　天竺浪人（平賀源内）　宝暦十三年（一七六三）
『根無草後編』　風来山人（平賀源内）　明和五年（一七六八）
『升鯉滝白旗』　二世河竹新七　嘉永四年（一八五一）
『俳諧時津風』　尾雨亭果然編　延享三年（一七四六）
『誹風柳多留全集』　岡田甫校訂　三省堂　昭和五十一～五十三年（一九七六～七八）
『俳文俳句集』　日本名著全集　昭和三年（一九二八）
『幕末御触書集成』　石井良助・服藤弘司編　岩波書店　平成六年（一九九四）
『幕末百話』　篠田鉱造　明治三十八年（一九〇五）
『葉桜姫卯月物語』　東里山人　文化十一年（一八一四）
『芭蕉以前俳諧集』　大野洒竹編　明治三十年（一八九七）
『芭蕉句集』　大谷篤蔵・中村俊定校注　日本古典文学大系　岩波書店　昭和四十七年（一九七二）
『芭蕉七部集』　白石悌三・上野洋三校注　新日本古典文学大系　岩波書店　平成二年（一九九〇）
『花筐』　松亭金水　天保十二年（一八四一）
『花暦八笑人』　滝亭鯉丈等　文政三～嘉永二年（一八二〇～一八四九）
『花東頼朝公御入』　山東京伝　寛政元年（一七八九）
『花の下物語』　長二楼乳足　文化十年（一八一三）
『早道節用守』　山東京伝　寛政元年（一七八九）
『時花兮鸚茶曾我』　芝全交作・北尾重政画　安永九年（一七八〇）
『春俗』　多倉太伊助　安永六年（一七七七）
『万金産業袋』　三宅也来　享保十七年（一七三二）
『ひともと草』　鶯谷市隠編　文化三年（一八〇六）
『風俗八色談』　ト々斎　宝暦六年（一七五六）
『風俗文選』　五老井許六　宝永三年（一七〇六）

『風俗遊仙窟』　寸木主人編　寛延二年（一七四九）
『富貴地座位』　悪茶利道人　安永六年（一七七七）
『武江産物志』　岩崎常正　文政七年（一八二四）
『物類称呼』　越谷吾山編　安永四年（一七七五）
『婦美車紫鹿子』　浮世偏歴斎道郎苦先生　安永三年（一七七四）
『麓の色』　大田南畝　明和五年（一七六八）
『古朽木』　朋誠堂喜三二　安永九年（一七八〇）
『放蕩虚誕伝』　変手古山人　安永四年（一七七五）
『邦訳日葡辞書』　ィエズス会編・土井忠生等編訳　慶長八年（一六〇三）
『宝暦現来集』　山田桂翁　天保二年（一八三一）
『北雪美談時代加賀見』　為永春水等　安政二～明治十五年（一八五五～八二）
『堀之内詣』　十返舎一九　文化十一年（一八一四）
『本草綱目啓蒙』　小野蘭山　享和三～文化三年（一八〇三～〇六）
『本朝食鑑』　人見必大　元禄十年（一六九七）
『本朝世事談綺』　菊岡沾涼　享保十九年（一七三四）
『真佐喜のかつら』　青葱堂冬圃　江戸末期
『松の落葉』　藤井高尚　文政十二年（一八二九）
『見た京物語』　木室卯雲　明和三年（一七六六）
『耳袋』　根岸鎮衛　文化十一年（一八一四）
『むさしあぶみ』　浅井了意　万治四年（一六六一）
『无筆節用似字尽』　曲亭馬琴作・歌川国芳画　寛政九年（一七九七）
『守貞謾稿』（『近世風俗志』）　喜田川守貞　嘉永六年（一八五三）
『柳樽七篇』　積翠道人　弘化三年（一八四六）
『誹風柳多留拾遺』　山澤英雄校訂　岩波文庫　昭和四十二年（一九六七）
『大和本草』　貝原益軒　宝永六年（一七〇九）
『夕涼新話集』　参詩軒素従編　安永五年（一七七六）

『よしの冊子』　水野為永　文政十三年（一八三〇）

『世のすがた』　瀬川如皐　天保四年（一八三三）

『世上洒落見絵図』　山東京伝　寛政三年（一七九一）

『俚言集覧』　太田全斎　寛政九年頃（一七九七）

『料理網目調味抄』　嘯夕軒宗堅　享保十五年（一七三〇）

『類柑子』　其角著・沾州等編　宝永四年（一七〇七）

『類集撰要』　旧幕府引継書　国立国会図書館蔵

『六あみだ詣』　十返舎一九　文化八～十年（一八一一～一三）

『我衣』　加藤玄悦（曳尾庵）　文政八年（一八二五）

『和漢三才図絵』　寺島良安　正徳二年（一七一二）

『和合人』初編　滝亭鯉丈　文政六年（一八二三）

『わすれのこり』　四壁庵茂蔦　天保末年頃

『笑嘉登』　立川銀馬　文化十年（一八一三）

文
景

Horizon

社科新知　文艺新潮

居酒屋的诞生

[日] 饭野亮一 著　王晓婷 译

出 品 人：姚映然
策划编辑：熊霁明
责任编辑：王　萌
营销编辑：高晓倩
装帧设计：安克晨

出　　品：北京世纪文景文化传播有限责任公司
(北京朝阳区东土城路8号林达大厦A座4A 100013)
出版发行：上海人民出版社
印　　刷：山东临沂新华印刷物流集团有限责任公司
制　　版：北京金舵手世纪图文设计有限公司

开 本：890mm×1240mm　1/32
印 张：9.5　　字 数：183,000
2022年1月第1版　　2022年1月第1次印刷
定 价：55.00元
ISBN：978-7-208-17337-8/G·2087

图书在版编目（CIP）数据

居酒屋的诞生 /（日）饭野亮一著；王晓婷译. —上海：上海人民出版社，2021
ISBN 978-7-208-17337-8

Ⅰ.①居… Ⅱ.①饭…②王… Ⅲ.①饮食-文化史-日本 Ⅳ.①TS971.203.13

中国版本图书馆CIP数据核字（2021）第184857号

本书如有印装错误，请致电本社更换 010-52187586

IZAKAYA NO TANJOU EDO NO NOMIDAORE BUNKA

Originally published in Japan in 2014 by Chikumashobo Ltd., Tokyo.
Chinese (in simplified character only) translation rights arranged with
Chikumashobo Ltd., Tokyo, Japan.
through CREEK & RIVER Co., Ltd. and CREEK & RIVER SHANGHAI Co., Ltd.